CHINDOGU

99 (un)sinnige Erfindungen

Herausgegeben von
Kenji Kawakami

Aus dem Japanischen von
Anita Brockmann

Für die deutsche Ausgabe
bearbeitet von Thomas Hauffe

DUMONT

Die Deutsche Bibliothek - CIP-Einheitsaufnahme
Kawakami, Kenji:
Chindogu oder 99 (un)sinnige Erfindungen : [auf der Grundlage von Chindogu jiten Bd. 1-3 und »Chindogu« daihakurankai] / Kenji Kawakami. Aus dem Japan. von Anita Brockmann. Für die dt. Ausg. bearb. von Thomas Hauffe. – Köln : DuMont, 1997
ISBN 3-7701-4053-2
NE: Hauffe, Thomas [Bearb.]

Aus dem Japanischen von Anita Brockmann
Für die deutsche Ausgabe bearbeitet von Thomas Hauffe

Satz: DuMont Buchverlag Köln
Layout: Nicole Hardegen, DuMont Buchverlag Köln
Druck und buchbinderische Verarbeitung: Graphicom, Vincenza

Printed in Italy
ISBN 3-7701-4053-2

VORWORT
des Herausgebers

Mitten in einer öden Landschaft steht, am Ufer eines Sees, ein stark behaarter, kräftiger Urmensch. Er wirft den Knochen, den er bis dahin als Keule benutzt hat, hoch in den Himmel. Der Knochen schraubt sich in zahlreichen Drehungen immer höher und treibt bald im tiefschwarzen Raum des Universums. Dort wird aus dem Knochen durch Überblendung ein Raumschiff – damit endet die Eröffnungssequenz des Films »2001 – Odyssee im Weltraum«.

Wie der Film, in dem der Urmensch erscheint, müssen wir 2,5 Millionen Jahre zurück in die Vergangenheit blicken, um dem Ursprung der Dinge auf den Grund gehen zu können.

Es gilt als sicher, daß in dieser weit zurückreichenden Vergangenheit Vorfahren der Menschen lebten, die weder Affe noch Mensch waren, und daß eines dieser sonderbaren Wesen den Knochen, der in seiner Nähe zu Boden gefallen war, in die Hand genommen hatte und ihn als Werkzeug verwendete. Kurz: Dieser weiterentwickelte Affe, oder eben dieser unterentwickelte Mensch, war der erste Erfinder in der Geschichte der Menschheit.

Die Chindogu-Akademie, deren Vorsitzender ich bin, verfolgt voller Respekt die Spuren dieser weiterentwickelten Affen, wir haben Spaß am Erfinden und betrachten es als ein intellektuelles Spiel. Dabei dürfen Chindogu keinen wirklichen praktischen Nutzen haben, müssen aber gleichwohl in ihrer Eigenschaft als Werkzeug oder Hilfsmittel funktionieren – diese beiden Anforderungen widersprechen sich scheinbar, aber genau dies ist das Wesen von Chindogu.

Wir sind von zahllosen praktischen Gegenständen und Gerätschaften umgeben, allerdings bergen einige davon auch äußerst unpraktische Aspekte in sich. Schon durch geringfügige Veränderungen könnte man sie verbessern. In solchen Fällen sollten Sie all Ihre Weisheit zusammennehmen und diese Verbesserung ausführen – so wird ein Chindogu geboren. Der Unterschied zu einer

VORWORT des Herausgebers

normalen Erfindung ist der, daß zwar der anfängliche Mangel behoben, aber – richtig! – statt dessen in der Regel ein neuer, viel gravierenderer Mangel entstanden ist. Sollte der neue geringer sein als der ursprüngliche Mangel, dann haben Sie nur eine normale Erfindung gemacht.

In diesem Sinne könnte man natürlich behaupten, Chindogu seien nichts anderes, als das Nebenprodukt einer Erfindung. Aber Chindogu sind mehr als das.

Entledigen Sie sich probeweise einmal aller überflüssigen Utensilien, Statussymbole, unnützer Küchengeräte, Dinge, von denen Sie meinen, daß sie nicht lebensnotwendig seien. Sie werden sehen, daß Sie auch mit wenigen Gegenständen leben können und dann auch nichts mehr als unpraktisch wahrnehmen.

Ihr Problem dabei wird nicht die Frage sein, wie Sie die Sachen loswerden oder wie Sie ohne sie auskommen, sondern daß Sie sich selbst als jemanden offenbaren, der all dieses überflüssige Zeug käuflich erworben hat. Schlimm genug! Sicher werden Sie auch einen tiefen Groll gegen die Hersteller all der überflüssigen Produkte empfinden, die nur aus blanker Gewinnsucht den Markt überschwemmen.

Der anarchische Gedanke, der den Chindogu immanent sein muß, soll auf solche Mißstände hinweisen. Chindogu sind eine Kritik an unserer entgleisten materiellen Zivilisation. Vielleicht werden immer mehr Menschen, die Chindogu kennen, ein Leben mit weniger unnützen Gegenständen führen und feststellen, daß sie so freier und unabhängiger leben. Möglicherweise wird daraus langfristig sogar eine neue Beziehung zwischen Mensch und Gegenstand erwachsen.

Chindogu symbolisieren eine reine, unschuldige und edle Welt; das macht sie erhaben. Ich würde mich freuen, wenn Menschen aus aller Welt sich mit entleertem, jungfräulichem Geist auf der intellektuellen Spielwiese von Chindogu tummeln würden.

Kenji Kawakami

VORWORT
des Verlages

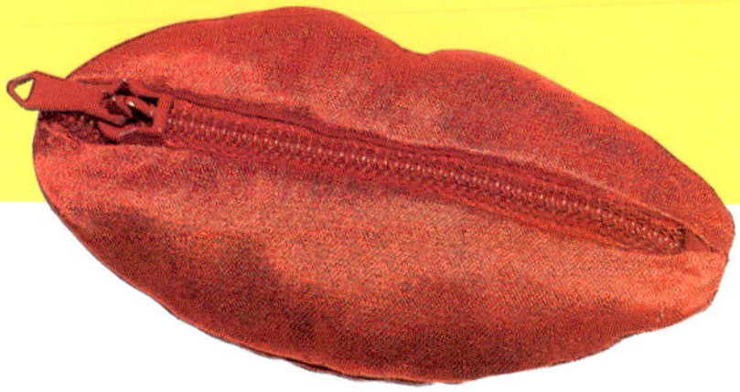

Das japanische Wort Chindogu bedeutet so viel wie »merkwürdiges Werkzeug« oder »seltsame Gerätschaft«, doch ein Chindogu ist mehr als die Erfindung eines solchen merkwürdigen Werkzeugs, es ist eine Art, die Welt zu sehen. Ein klassisches Chindogu spürt eine Unzulänglichkeit im Alltag auf, behebt den Mißstand, hat dabei aber gleichzeitig selbst so viele eigene Unzulänglichkeiten, daß es eigentlich völlig überflüssig ist. Es liefert genaugenommen eine sinnlose Lösung für ein Problem, das wir noch gar nicht kannten. Doch gerade darin bietet uns ein Chindogu ganz ungeahnten Erkenntnisgewinn über die Welt der Dinge.

Chindogu sagen indirekt auch etwas über den Zustand unserer Gesellschaft aus. Denn viele Unzulänglichkeiten und ihre Lösungen erscheinen uns nur deshalb so abstrus, weil die Umstände, in denen wir leben, inzwischen so bizarr sind. Deshalb kann es auch durchaus passieren, daß Ihnen früher oder später eines unserer Chindogu als ganz normales Produkt im Alltag begegnen wird. Andererseits führt einen die intensive Beschäftigung mit Chindogu irgendwann zu der Erkenntnis, daß wir von zahllosen Produkten umgeben sind, die, bei genauer Betrachtung, eigentlich alle Voraussetzungen eines echten Chindogu erfüllen.

Die hier vorgestellten Erfindungen entsprechen in der Regel den relativ strengen Gesetzen des Chindogu. Für mögliche Auswirkungen Ihrer Beschäftigung mit diesem Buch und den gezeigten Erfindungen übernehmen aber selbstverständlich weder der Herausgeber noch der Verlag, noch sonst jemand irgendeine Verantwortung – sonst wären es ja auch keine echten Chindogu.

Und schließlich: Chindogu muß man ernst nehmen, sonst machen sie keinen Spaß und bieten auch keinen Zuwachs an Weisheit, und dazu möchte Ihnen dieses Buch verhelfen.

DIE 10 GESET

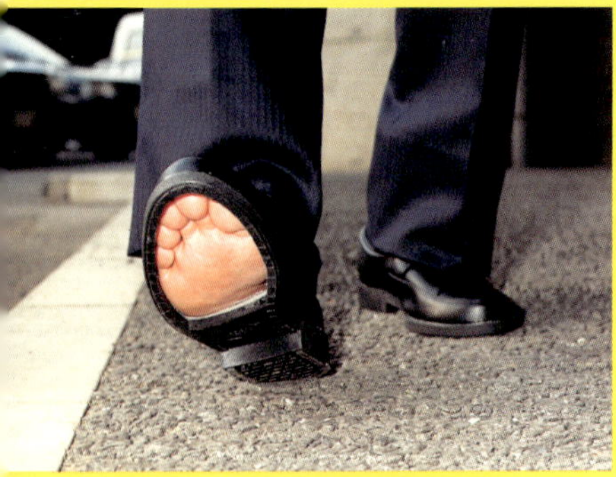

1 Chindogu dürfen keinen praktischen Nutzen haben.

Das ist der wichtigste Grundsatz in der Welt von Chindogu. Wenn dieses Prinzip nicht nachgewiesen werden kann, kann eine Idee auch nicht als Chindogu-Idee anerkannt werden.

2 Chindogu müssen eine Funktion erfüllen.

Auch wenn sie keinen praktischen Nutzen haben dürfen, so sollten Chindogu doch funktionsfähig sein. Denn es handelt sich schließlich um Werkzeuge.

3 Chindogu sollen anarchischen Geist offenbaren.

Sie müssen keine Rücksicht auf Normen oder Umgangsformen nehmen und dürfen durch nichts beschränkt werden.

4 Chindogu müssen im Alltag einfach zu handhaben sein.

Spezialgeräte für Fachleute und Spezialisten sind keine Chindogu, da ein normaler Mensch im Alltag keine Verwendung dafür hat.

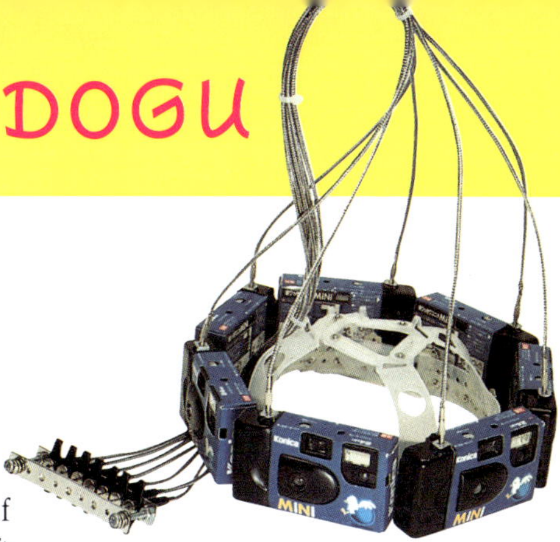

5 Chindogu dürfen nicht käuflich sein.

Alles, was als reales Produkt auf den Markt kommt und verkauft wird, unterliegt den Aspekten der Nützlichkeit und Ökonomie und hält einer Prüfung als Chindogu nicht stand.

6 Chindogu sind keine Scherzartikel.

Eine Idee kann nicht als Chindogu akzeptiert werden, wenn es ihr erster und einziger Zweck ist, jemanden zum Lachen zu bringen. Ausgenommen sind Ideen, die einen auf den zweiten Blick zum Lachen bringen.

7 Chindogu dürfen nicht diskriminieren.

Deshalb sollen sie auch keinen schwarzen Humor enthalten. Das scheint lästig, gehört aber unbedingt zur Chindogu-Philosophie. Davon ausgenommen sind solche Ideen, die in erster Linie eine Funktion verfolgen und als Nebenprodukt schwarzen Humor hervorbringen.

8 Chindogu dürfen nicht unter die Gürtellinie zielen.

Dies ist das selbstauferlegte Ethos der Chindogu-Akademie. Die Akademie betrachtet sich als intellektueller Spielplatz für Frauen und Männer.

9 Chindogu dürfen nicht als Produkt vermarktet werden.

Sollten Sie dies beabsichtigen, so wenden Sie sich mit einer entsprechenden Eingabe an das örtliche Patentamt.

10 Chindogu sind international.

Für das Verständnis von Chindogu sind weder Erklärungen, noch besondere Vorkenntnisse nötig. Chindogu können von allen Menschen, unabhängig von Alter, Geschlecht, Beruf und Nationalität, verstanden werden und jedem Freude machen.

INHALT

2

Haushalt

Kinder

Essen

30

Trinken

Schlafen

78

Gesundheit

Kleidung & Accessoires

PUTZWAGEN FÜR KINDER

1

Haben Sie kleine Kinder? Dann wissen Sie es ja: Quietschende Schubkarren, klappernde Roller, kurz, alles, was man vor sich herschieben kann, alles, was sich dreht und dabei einen infernalischen Lärm macht, steht in der Hitliste der Spielzeuge ganz oben, besonders am frühen Sonntagmorgen. Da man das Schicksal nicht abwenden kann, gilt es, das Beste daraus zu machen. Nutzen Sie die Energie und den unermüdlichen Bewegungsdrang Ihrer Kinder sinnvoll und auf natürliche Weise für den Hausputz. Unser Putzwagen hilft Ihnen dabei. Jetzt machen sich die Kleinen schon morgens, wenn sie ihre ersten Runden im Wohnzimmer herumwalzen, nützlich.

Prädikat: sinnvoll spielen

FERNGESTEUERTER WISCHMOP

Hausarbeit leichtgemacht

Roboter werden uns in Science-fiction-Filmen immer als die perfekten Maschinen vorgestellt, dabei können sie nur so nutzloses Zeug wie mit Laserstrahlen schießen, Raumschiffe

steuern oder wie die Titanen aufeinander einschlagen. Manchmal sehen sie auch aus wie Menschen und entwickeln überflüssige sentimentale Regungen, dann sind sie zu gar nichts mehr zu gebrauchen. Unser ferngesteuerter Mop ist ganz anders. Er macht sich nützlich. Wie ein Raupenfahrzeug bewegt er sich vorwärts und kennt beim Hausputz kein Hindernis. Mit der Fernsteuerung haben Sie ihn immer im Griff, oder Sie können sogar die Putzerei auf spielerische Weise von den Kindern erledigen lassen.

2

KEHRSCHLAPPEN

Fegen, ohne sich zu bücken

Man möchte schnell mal etwas Dreck in der Küche zusammenfegen oder es kommt Besuch, und man will nur eben den Eingang saubermachen. Wie lästig ist es dann, immer gleich Staubsauger oder Besen herauszukramen. Mit unseren Kehrschlappen erledigen Sie den Hausputz im Vorbeigehen oder wenn Sie wollen auch mit ein paar beschwingten Stepschritten. Denken Sie jetzt auch nicht weiter darüber nach, wie Sie dann, auf einem Bein stehend, das Kehrblech in die Mülltonne entleeren.

PANTOFFELN »JANUS«
Für beide Richtungen

Sie sind erfolgreich, kreativ und suchen immer das Besondere, aber geben Sie es ruhig zu: Auch Sie haben irgendeinen Aufkleber am Auto, eine Urlaubspostkarte am Pinboard über dem Kühlschrank und: Sie tragen zuhause Pantoffeln, wenn Sie abends vor dem Fernseher hängen. Und ist Ihnen nicht auch schon aufgefallen, daß, wenn man in seine Pantoffeln schlüpfen will, sie immer genau falschherum stehen? Dann versucht man meist umständlich und unbeholfen die Puschen mit den Fußspitzen heranzuangeln und umzudrehen. Das ist morgens so, wenn man schlaftrunken aus dem Bett rollt, danach stehen sie rückwärts vor der Dusche, und wenn man schließlich das Haus verläßt, muß man in der engen Diele rückwärts rangieren, damit man abends wieder reinfindet. Damit ist jetzt Schluß. Für Menschen, die wirklich das Besondere lieben und es dabei auch noch praktisch haben möchten, gibt es jetzt die Pantoffeln für beide Richtungen, die umständliches Manövrieren vermeiden – besonders geeignet für die kleine Single-Wohnung.

GESCHIRRSPARDECKE

Platzdeckchen aus Kunststoff kennen wir alle. Wir benutzen sie gern, weil sie sich abwischen lassen und Tisch oder Tischdecke schonen. Unsere neue Geschirrspardecke kann noch mehr: Sie schont auch Ihr Geschirr, ja macht es geradezu überflüssig. Sie ziehen die durchsichtige Plastikfolie über Ihr Platzdeckchen, auf dem alle nötigen Teller, Schüsseln und Schälchen täuschend echt aufgedruckt sind. Nun können Sie Fleisch, Fisch, Kartoffeln, Reis und alles übrige darauf verteilen und davon essen. Nach dem Essen einfach abziehen und in den Müll damit. Noch nicht ganz zufrieden sind wir zugegebenermaßen mit der Verwendbarkeit der Decke für Suppen, Saucen oder Dressings.

Macht Geschirr und Spülen überflüssig

5

TELLERFOLIE
Spart den Abwasch

Ein gutes und ausgiebiges Essen mit Freunden ist ein Genuß, und auch das Kochen macht Spaß, aber der Abwasch danach ist trotz Spülmaschine immer noch eine unangenehme Belastung. Hier hilft unsere Tellerfolie. Nach dem Essen einfach abziehen, fertig. Zum leichteren Ablösen der Folie sollten Sie allerdings vor dem Essen die Teller mit einem Anti-Haft-Puder einstreichen. Über die Frage, was nun mehr Arbeit macht, das Spülen oder das Einpudern, gehen die Meinungen noch auseinander.

ELEKTRISCHE SPAGHETTIGABEL

Auch wenn für die meisten von uns die italienische Küche längst nichts Exotisches mehr ist, so hat doch der eine oder andere im Ristorante noch seine Schwierigkeiten mit den ganz normalen Spaghetti. Wie geht man angemessen mit ihnen um? Nur mit der Gabel und dabei das Gesicht ganz dicht über den Teller? Zu unästhetisch. Mit Hilfe des Löffels? Zu unitalienisch. Leicht und elegant, geradezu mit italienischer Grandezza, gelingt es mit unserer elektrischen Spaghettigabel.

Achtung: Da sich die Gabel ausgesprochen gut dreht, kann es bei mangelnder Übung anfangs noch vorkommen, daß Sie gleich beim ersten Dreh den ganzen Teller auf der Gabel (oder sonstwo) haben.

7

ARBEITSHAND
aus Silikon

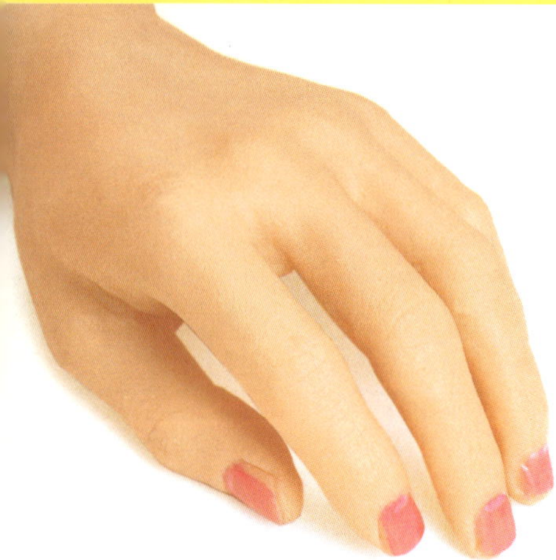

Viele Küchengeräte sind nur nutzlose Stromverschwender, die nichts so richtig können. Unsere Silikonhand dagegen bietet gleich einen doppelten Vorteil. Ob Käse, Zwiebeln oder Fisch: Sie schützt Ihre Finger vor unangenehmen Gerüchen, und Sie müssen keine Angst mehr vor Schnittwunden haben. Mit ihr können Sie in der Küche munter drauflosschneiden. Unser Tip: Seien Sie aber trotzdem nicht zu hemmungslos, Silikonspäne im Essen könnten Ihnen die Freude am neuen Küchengerät schnell verleiden.

8

FISCHKOPFABDECKUNG
Für Hausfrauen mit Fischphobie

9

Kaum eine Hausfrau nimmt heute Fisch noch selber aus, und die meisten Kinder denken bereits, alle Fische wären von Natur aus stäbchenförmig. Ein Grund dafür liegt sicher darin, daß es vielen Köchinnen einfach zu eklig ist, in den Eingeweiden des Tieres herumzuschneiden. Junge Hausfrauen berichten darüber hinaus, sie verfielen geradezu in Panik, wenn sie beim Köpfen dem Fisch in seine traurigen und vorwurfsvollen Augen blicken müßten. Gegen dieses Problem haben wir die Fischkopfabdeckung entwickelt. Jetzt gibt es keine Gewissensbisse mehr, wenn Sie dem Tier das Messer in den Leib stoßen. Die einzige Gefahr, die noch besteht, ist, daß Ihre Kinder vielleicht einmal glauben, alle Fische hätten die gleiche Kopfform.

PFANNE
Für angehende Profiköche

Sind Sie nicht auch immer sehr beeindruckt, wenn die Profiköche im Fernsehen elegant und gekonnt den ganzen Inhalt einer Pfanne mit einem Schwung aus dem Handgelenk hochwerfen und wenden, ohne daß auch nur ein einziges Körnchen danebenfällt? Geben Sie es zu, auch Sie haben es schon einmal mit einem Pfannkuchen versucht. Wissen Sie noch, wie nachher die Küche aussah? Aber geben Sie nicht auf, zum Üben gibt es jetzt unsere neue Pfanne mit halber Abdeckhaube, die es Ihnen ermöglicht, beim Wenden das Gericht unter Kontrolle zu behalten.

ZWIEBELMESSER
Für tränenfreies Schneiden

Wieder ein Problem, so alt wie die Menschheit, und erst jetzt gibt es die Lösung. Ab sofort fließen in der Küche beim Zwiebelschneiden keine Tränen mehr, und auch der lästige Geruch wird verbannt. Und das ohne diese unfreiwillig komischen Schutzbrillen oder eine der komplizierten und schwer zu reinigenden Küchenmaschinen. Unser Zwiebelmesser verschwindet einfach in einem rundum abgeschlossenen Acrylglaskasten. Hier können Sie nun nach Herzenslust draufloshacken. Das Gerät hat außerdem den Vorteil, daß auch die Kinder schon ganz ohne jede Verletzungsgefahr zur Hausarbeit angeleitet werden können. Allerdings können Sie natürlich die Zwiebeln in dem Kästchen beim Schneiden nicht festhalten, aber dieser unbedeutende kleine Nachteil wird, bei einiger Übung, sicher bald in den Hintergrund treten.

11

GERECHTES MESSER

12

Beim Schneiden runder Speisen wie Pizza, Torten oder Eisbomben, die vorzugsweise zu wichtigen Anlässen wie Kindergeburtstagen oder Familienfeierlichkeiten auf den Tisch kommen, entsteht unausweichlich die hochbrisante Frage nach Anzahl und Größe der einzelnen Stücke. Wer jetzt einen Fehler macht, kann schnell eine Familienkrise heraufbeschwören. Hier hilft unser gerechtes Messer. Zwei einfache Messer, an den Spitzen mit einem Winkelmesser verbunden, schaffen absolute Gerechtigkeit. Das eine Messer ist bei 0 Grad befestigt, das andere läßt sich verstellen: bei drei Stücken auf 120 Grad, bei fünf Stücken auf 72 Grad, bei sieben Stücken auf 51 Grad – kinderleicht und endlich gerecht! Allerdings sollten Sie unbedingt darauf achten, daß Sie das Gerät genau im Zentrum aufsetzen, bei größeren Objekten lassen sich auch Hilfslinien ziehen.

Zum exakten Schneiden runder Speisen

BEINSTÜTZE

Für leichtes Arbeiten im Stehen

Wer viel im Stehen arbeitet, weiß, wie angenehm es ist, sich bisweilen abzustützen. Aus diesem Bedürfnis heraus wurde unsere Beinstütze für alle Menschen entwickelt, die im Stehen arbeiten, wie Hausfrauen, Lehrer oder Verkäuferinnen. Nun können Sie ein Bein zwischendurch angenehm entlasten. Die Stützen sind individuell verstellbar und so für jede Körpergröße geeignet. Um einseitige Belastung und schmerzhafte Druckstellen zu vermeiden, sollten Sie langfristig immer beide Knie abstützen. Wenn Sie z. B. als Lehrer dann immer noch eine gute Figur abgeben, wissen Sie, daß Sie wahre Autorität besitzen.

VASE „MIT ENTWÄSSERUNGSSYSTEM"

14

Gerne haben wir frische Schnittblumen in der Wohnung, nicht so gern haben wir dagegen faulig riechendes, mit einer glibbrigen Haut überzogenes Blumenwasser in der Vase. Dagegen hilft das rechtzeitige Wechseln des Wassers. Doch das macht Arbeit. Diese zu erleichtern hilft unsere Vase mit Entwässerungssystem. Sie ziehen den Stöpsel heraus, lassen das alte Wasser einfach ablaufen und gießen frisches nach. Geradezu erschrekkend praktisch erscheint dieses System für schwere Bodenvasen. In der nächsten Auflage unseres Buches werden Sie diese Erfindung deshalb wohl nicht mehr finden, weil sie bis dahin sicher schon in die Serienproduktion gegangen ist.

Zur leichten Blumenpflege

SOLARBETRIEBENE TASCHENLAMPE

15

Wenn der Strom ausfällt oder im Keller die Beleuchtung streikt, in Notfällen eben, dann greifen wir zur Taschenlampe – und stellen fest, daß die Batterien leer sind. Wahrscheinlich hat die Lampe wieder einmal irgendwo herumgelegen, und die Kinder haben sie zum Spielen benutzt. Damit Sie beim nächsten Stromausfall nicht mehr hilflos im Dunkeln stehen, haben wir diese solarbetriebene Taschenlampe entwikkelt. Solange es hell ist, lädt sie sich mit der Sonnenenergie auf und leuchtet im Notfall hell und sicher. Selbstverständlich dürfen Sie diese Taschenlampe nicht in irgendeiner Schublade oder im Schrank aufbewahren, sondern müssen sie tagsüber immer offen herumliegen lassen, damit die Solarzellen sich wieder aufladen können.

16

17

HÖRER gegen Telefonterror
TOILETTENSITZ im Outdoor-Look

Sexuelle Belästigung am Telefon muß nicht hingenommen werden. Selbsthilfeorganisationen empfehlen Frauen den Einsatz von Trillerpfeifen. Doch wir sind der Meinung, nichts ist für diese einsamen Anrufer uninteressanter, als die eigene verklemmte Stimme zu hören. Davon ausgehend haben wir den Hörer gegen anonymen Telefonterror entwikkelt. Ein flexibler Schlauch leitet plumpe Obszönitäten und langweilige Durchschnittsphantasien direkt an den männlichen Absender zurück, der nach einigen Anrufen garantiert die Nase voll hat von seinem eigenen Geschwätz.

Für viele von uns ist die Toilette nicht nur der Ort schnöder Entsorgung, sondern ein Refugium in der Hektik des Alltags, wo man für einige Minuten (manchmal auch länger) abschalten, lesen oder über wichtige Dinge nachdenken kann. Nicht wenige Menschen finden hier Ruhe, Natürlichkeit und sich selbst. Für solche und andere Toilettenliebhaber haben wir den Toilettensitz im Outdoor-Look entwickelt. Mit hygienischem Kunstrasen bezogen, vermittelt er dem Benutzer das Gefühl, sein Geschäft in der freien Natur zu verrichten und bringt ihn wieder seinen natürlichen Instinkten näher. Unser Tip: Dieser Sitz ist auch ein originelles und stilvolles Geschenk für Golfspieler, sozusagen als das »19. Grün«.

SCHIRM MIT TRANSPORTHAKEN

Das Problem kennt jede Hausfrau: Es regnet, man hat vier Einkaufstüten und einen Schirm, aber nur zwei Hände, und dann gilt es noch, den Fahrschein für den Bus aus der Tasche zu fummeln. Die Lösung für dieses Problem bieten wir: den Schirm mit zehn Transporthaken, an denen Sie bis zu zwanzig Gepäckstücke gleichzeitig mit einer Hand transportieren können. So haben Sie immer noch die andere Hand frei. Der regelmäßige Gebrauch wird außerdem ganz nebenbei Ihre Arm- und Oberkörpermuskulatur straffen.

18

Für den Einkauf bei Regenwetter

WADENWASCHMASCHINE

Wie funktioniert eine Waschmaschine? Wasser, Waschmittel, schmutzige Wäsche, dann das Ganze hin- und herschaukeln, mehr ist es im Prinzip nicht. Warum also für einen kleinen Haushalt eine große teure Waschmaschine anschaffen? Kleine Wäsche – kleine Waschmaschine heißt die Lösung. Mit unserer Wadenwaschmaschine sparen Sie Strom, Wasser, Waschmittel – und sind dabei immer in Bewegung! Stellen Sie sich nur einmal vor, Ihr Mann trainiert, wie alle erfolgreichen Mittvierziger, für den nächsten Marathon – bei der Kapazität können Sie Ihre neue Waschmaschine fast schon gewerblich nutzen! Andererseits können Sie auch seinen Trainingseffekt steigern, indem Sie ihm etwas größere Tanks mit Hemden, Hosen oder Bettwäsche mit auf den Weg geben.

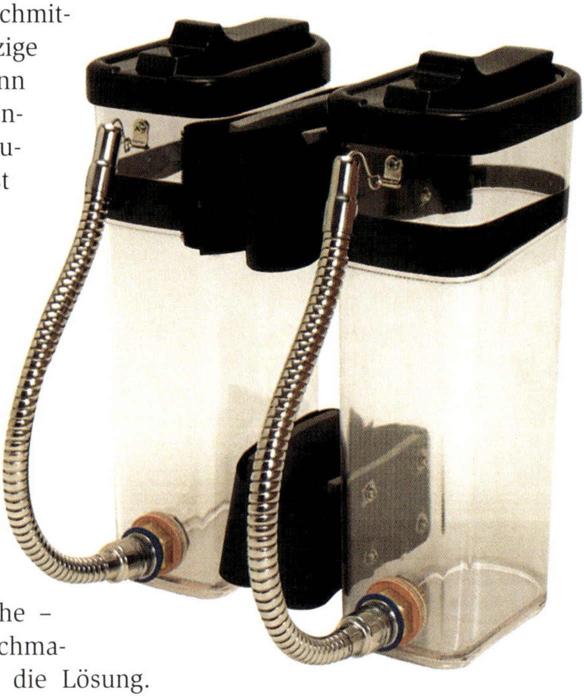

Preiswert, ökologisch und gesund!

19

FAHRBARER WÄSCHESTÄNDER

Wäschetrocknen unterwegs

20

Noch eine Erfindung für die mobile Gesellschaft des 21. Jahrhunderts. Dem dynamischen Single, den Beruf und Aufstieg so ganz ausfüllen, bleibt meist wenig Zeit für die tägliche Verrichtung der Hausarbeit. Und nicht in jede kleine City-Wohnung paßt ein Trockner. Zumindest hier haben wir die Lösung des Problems: Unser fahrbarer Wäschetrockner läßt sich leicht auf jedes Autodach montieren, zumal Sie ja sicher sowieso schon einen Dachträger für Ihr Surfbrett oder Ihr Mountainbike haben. Jetzt trocknen Sie die Wäsche auf dem Weg zur Arbeit an der frischen Luft. Je schneller Sie fahren, um so besser trocknet die Wäsche. Freuen Sie sich, und denken Sie nicht an Regen, Stau oder Autoabgase.

TELESKOP-FLIEGENKLATSCHE

Fliegen können einen in den Wahnsinn treiben, besonders dann, wenn man sie nicht erwischt. Meist sind sie zu schnell oder lassen sich gerade an solchen Plätzen nieder, wo man sie mit der herkömmlichen Fliegenklatsche nicht zur Strecke bringen kann, weil beim todbringenden Schlag kostbares Inventar in Gefahr wäre. Und das scheinen die Tiere genau zu wissen! Doch jetzt können Sie den Feind da erwischen, wo er nicht mit Ihnen rechnet, wo er sorglos und unachtsam ist. Schnappen Sie sich die Fliege im Flug! Unsere Teleskop-Fliegenklatsche hat einen tödlichen Radius von bis zu neunzig Zentimetern. Um größere Sach- oder Personenschäden zu vermeiden, sollten Sie allerdings vorher die Flugbahn des Gegners und die Stoßrichtung des Angriffs möglichst genau abschätzen.

Blitzschnell und sicher

21

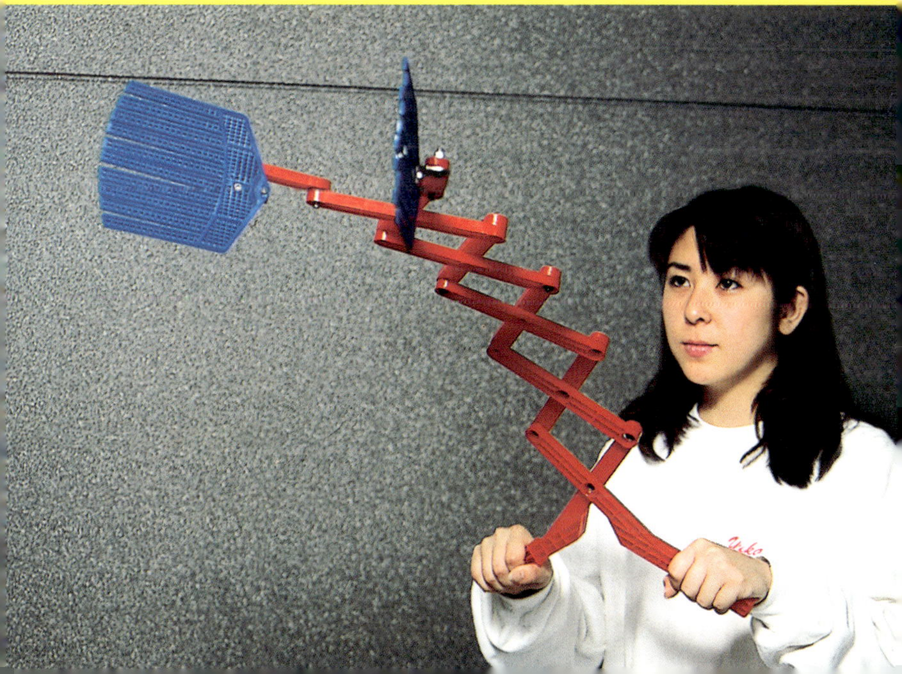

TELESKOP-SCHLAPPEN

Ungezieferbekämpfung ohne Chemie

In den Metropolen der zivilisierten Welt nimmt ein Problem rasant zu: Ungeziefer macht sich breit, und besonders die ebenso große wie flinke, ekelhafte und gegen alle herkömmlichen chemischen Mittel resistente Kakerlake widersteht allen Nachstellungsversuchen. Wenn man sie plötzlich aus irgendeiner Ecke hervorkrabbeln sieht, besinnt man sich instinktiv seiner Schlappen, aber meist ist die Entfernung für den finalen Schlag zu groß, und außerdem ist da der Ekel, dem Tier zu nahe zu kommen. Hier helfen unsere Teleskop-Schlappen. Wie gewöhnliche Pantoffeln am Fuß getragen, verursachen sie kaum Beschwerden beim Gehen, und wenn Sie dann eines der Monster entdecken, fahren Sie aus den Latschen, lassen die Teleskopstange hervorschnellen und schlagen zu. So töten Sie, ohne Ihrem Opfer dabei ins Facettenauge blicken zu müssen. Von nun an heißt es: Tanz den Cucaracha!

PARTIELLES MOSKITO-NETZ Praktisch für die Reise

23

Neben dem Sonnenbrand sind es vor allem die Mücken, die einem den Urlaub verderben können. Der lauschige Sommerabend zu zweit auf der Terrasse endet nur allzuoft allein auf dem Zimmer in einer wahren Kratzorgie. Zwar gibt es allerlei chemische und dazu noch diverse Hausmittel, die jedoch allesamt den Nachteil haben, daß sie nicht sehr angenehm riechen und eher die Mitmenschen fernhalten als die Mücken. Unsere Alternative heißt, zumindest im Schlafzimmer, Moskitonetz, doch auch das bewirkt lediglich, daß die Mükken, die sich schon unter der Bettdecke versteckt haben, nicht mehr herauskönnen und deshalb nur um so wütender zustechen. Unsere partiellen Moskitonetze schützen da, wo der Schutz gebraucht wird, an den bloßliegenden Körperstellen, den Händen, den Füßen und dem Kopf. Außerdem sind sie kleiner und leichter als die alten, zeltartigen Konstruktionen und somit für die Reise auch viel praktischer.

SCHWEIZERMESSER

Der alte Klassiker unter den praktischen Erfindungen, das Schweizer Offiziersmesser, stand bei dieser Erfindung Pate. So wie das kleine rote Wunderding alles bereithält, was man nie braucht, so enthält dieses Chindogu alle wichtigen Gartengeräte. Harke, Schaufel, Hacke, Spaten, Säge oder Sichel – einfach ausklappen. Der Gärtner muß nun keine teuren Spezialgeräte mehr anschaffen, alles ist immer griffbereit. Der Energieaufwand, den das Schleppen des schweren Gerätes kostet, wird dadurch wettgemacht, daß Sie nicht für jedes Werkzeug extra zum Geräteschuppen laufen müssen – oder?

Für den patenten Gärtner

24

BABY-WISCHMOP

Für glückliche Eltern

Wenn ein neuer Erdenbürger das Leben einer jungen Familie bereichert hat, wird jeder Entwicklungsschritt des kleinen Menschen aufmerksam beobachtet. Wie groß ist die Freude, wenn der Kleine dann anfängt zu krabbeln. Daß er dabei nicht nur Teile des Hausrats zertrümmert, sondern auch seinen Strampelanzug an Ellenbogen und Knien durchwetzt, stört die glücklichen Eltern natürlich nicht. Doch das Krabbeln ist nicht nur wichtig für die geistige Entwicklung des Kindes, sondern kann durch unseren Baby-Wischmop auch noch einen direkten praktischen Nutzen bekommen. An den Problemstellen des Strampelanzuges haben wir die Teile des Mops aufgesetzt, und wenn das Baby nun Freudenschreie ausstoßend nach und nach seinen Bewegungsradius erweitert, haben die Eltern doppelt Freude.

25

KLEININD-LAUFLERNPUSCHEN

26

Kleinkinder, die gerade das Laufen erlernen, brauchen anfangs noch etwas Hilfe. Bekannt und beliebt ist das spielerische Mitlaufen auf den Füßen von Mutter, Vater, Oma oder anderen Verwandten. Hierfür haben wir die passenden Lauflernpuschen entwickelt. Mit Klettverschlüssen auf den dazugehörigen Schlappen für Erwachsene befestigt, unterstützen die Lauflernpuschen außerdem den so wichtigen innigen Kontakt zwischen Mutter und Kind.

Für Mutter-Vater-Onkel-Oma-Opa-Lauflernspiele

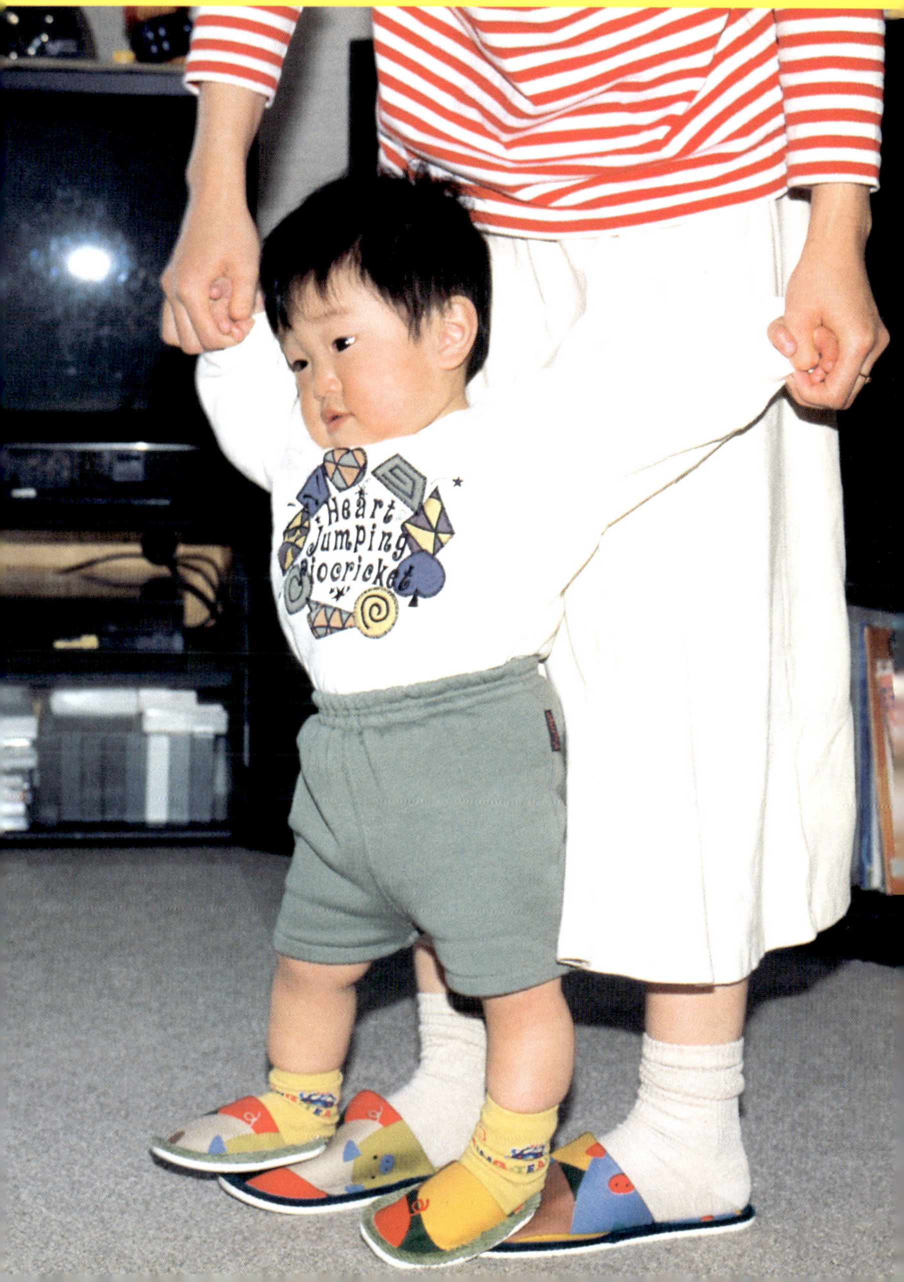

BRUSTFLÄSCHCHEN

Für bewußte Väter

27

Das Bild des Vaters in Familie und Gesellschaft hat sich gewandelt. Patriarchen und Despoten sind nicht mehr gefragt. Der aufgeklärte, neue Vater sucht den Kontakt zu seinen Kindern. Wichtig ist schon der Körperkontakt und die intime Nähe zum Säugling, ein Zustand, der bisher den stillenden Müttern vorbehalten blieb. Damit nun auch der vielbeschäftigte aber doch bewußte Vater diesen Vorzug genießen und darüber hinaus seine eigene Emanzipation demonstrieren kann, haben wir die Brustfläschchen für junge Väter entwickelt. Wenn Sie als Mann nun Ihrem Kind die Brust geben, wird ihm (aber auch nur ihm) das ganz natürlich erscheinen, und es wird Sie genauso als Mutter akzeptieren wie Ihre Frau.

SCHEIBLETTENBUTTER
Spart das Messer

28

29

Wenn Sie Ihre Butter im Kühlschrank aufbewahren, wissen Sie, wie schwierig es ist, sie zu schmieren, ohne dabei das ganze Brot zu zerstören, und nicht immer haben wir ein Messer zur Hand, wenn wir uns mal ein Butterbrot machen wollen. Beim Käse hat die Lebensmittelindustrie ja schon ein Einsehen gezeigt, bei der Butter bieten wir die Lösung. Unsere Scheiblettenbutter ist bereits fertig portioniert auf dünner Plastikfolie und läßt sich einfach aufs Brot klappen.

KÜNSTLICHER DAUMENNAGEL

Wenn der Winter kommt und es auf Weihnachten zugeht, denken wir an den Duft von heißer Schokolade, Zimtsternen und Orangen. Wie romantisch, doch die Wirklichkeit sieht anders aus: Zimtsterne machen dick, heiße Schokolade macht klebrige Ränder auf dem Tisch, und das Schälen von Zitrusfrüchten verursacht unansehnliche gelbe Ablagerungen unter dem Daumennagel. Wenn Sie sich jedoch unseren künstlichen Daumennagel überziehen, können Sie ohne Reue so viele Apfelsinen schälen wie Sie wollen, und Ihr Wintertraum wird wahr.

BUTTERSTIFT

30

Lippenstifte, Klebestifte, Deostifte sind selbstverständliche Errungenschaften unserer Zivilisation. Daher wundert es uns in der Tat, warum es den Butterstift bislang noch nicht gab. Denn er ist, wegen nicht vorhandener Nachteile, eigentlich schon kein richtiges Chindogu mehr. Die Idee erweist sich im Alltag, ob zuhause oder auf Reisen, als äußerst praktisch. Brote schmieren ohne Messer und Fettfinger, und nach der Frühstückspause verschwindet der Stift wieder dezent in der Hand- oder Aktentasche. Allerdings sollten Sie Ihre Tasche dann auch nicht allzuwarm lagern und erst recht nicht versehentlich auf die Heizung stellen, sondern vielleicht lieber im Kühlschrank aufbewahren.

Für daheim und unterwegs

ZUNGENISOLIERUNG

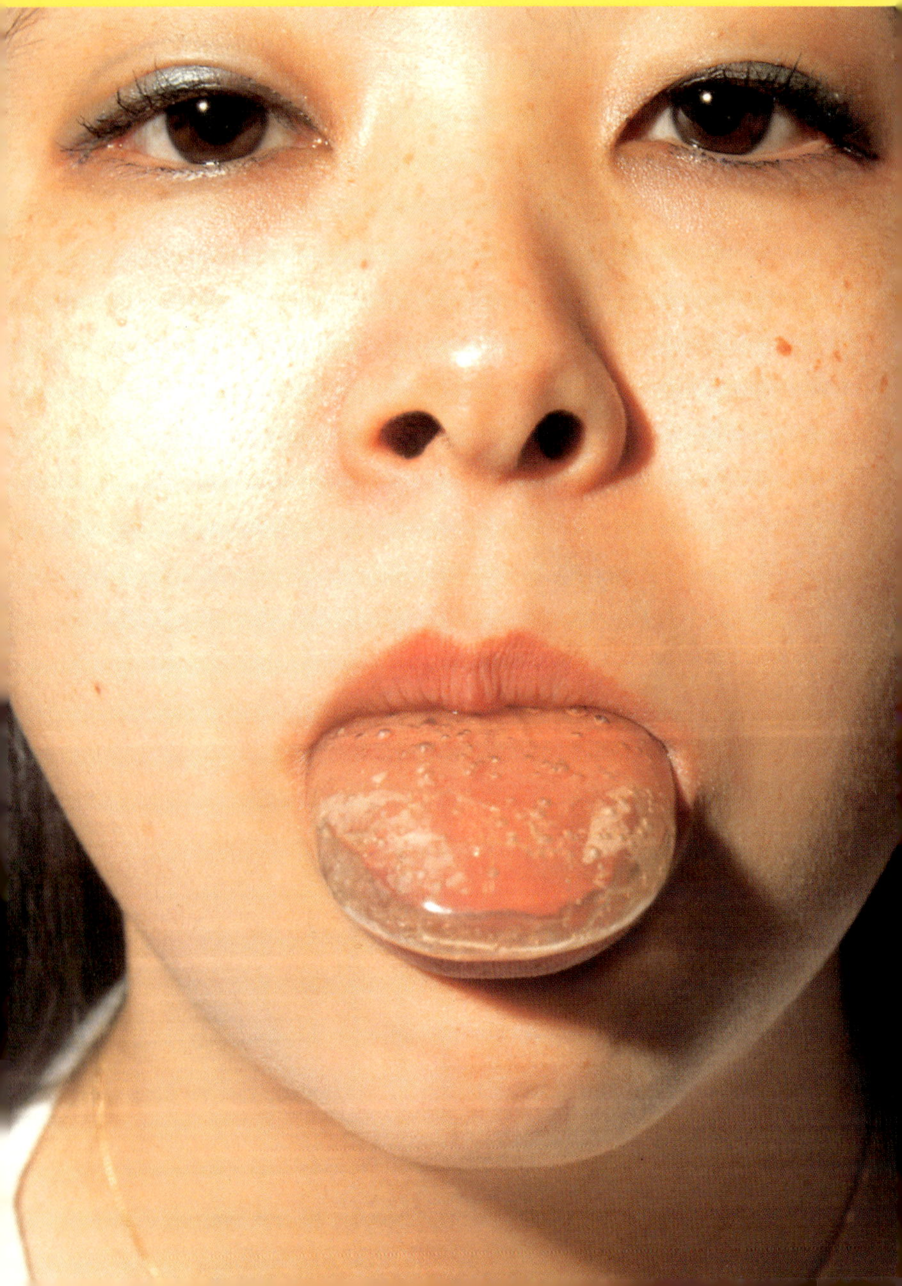

Zum Genuß heißer Speisen

31

Das kennen wir alle: lecker dampft der Eintopf, dann etwas zu hastig die heiße Suppe heruntergeschlungen – Zunge verbrannt. Da treten einem schnell einmal die Tränen in die Augen. Für Gourmets und neugierige Topfgucker, die gern schon am Herd verkosten, aber eine empfindliche Zunge haben, gibt es jetzt die Zungenisolierung aus garantiert gefühlsechtem Kunststoff. Leider isoliert die zweite Zunge nicht nur gegen Hitze, sondern auch gegen jeden außer den gummiartigen Eigengeschmack. Auch gibt es diesen weichen Überzieher noch nicht in verschiedenen Größen, was dem einen oder anderen unter Umständen die Konversation bei Tisch erschweren mag.

ZAHNSTOCHERHAND

32

Für den Gourmet

Das Reinigen der Zähne nach dem Essen kann einen bei offiziellen Anlässen oder in Restaurants der gehobenen Klasse leicht in Verlegenheit bringen. Die kultivierte Verwendung von Zahnstochern gehört zu den guten Umgangsformen und erfordert ein gewisses Geschick. Jedenfalls ist es nicht die richtige Methode, sich mit weit aufgerissenem Mund in den Zähnen herumzupuhlen und das Grabungsgut dann noch ausgiebig im Gegenlicht zu mustern. Angemessen und dezent verhält man sich, indem man den Mund mit der linken Hand abschirmt. Dafür haben wir unsere linke Kunsthand entwickelt. An der Rechten befestigt, fährt sie automatisch vor das Gesicht, wenn sich der Träger den Zahnstocher in den Mund schiebt. Eine wirklich dezente Methode, – wenn sich nur erst einmal alle Tischgenossen an Ihre wackelnde Silikonhand gewöhnt haben.

HAARKRANZ

33

Lange kräftige Haare sind etwas Wunderbares, lange kräftige Haare sind ein Sexsymbol, lange kräftige Haare hängen beim Essen immer in der Suppe. Frauen mit langen Haaren wissen ein Lied davon zu singen, wie umständlich es sein kann, bei einem romantischen Dinner zu zweit ständig die Haare festzuhalten. Damit in solchen Situationen die Spitzen Ihrer Haare beim Essen nicht mit Nudelsuppe oder Tomatensauce verkleben, tragen Sie den leichten und praktischen Haarkranz aus abwaschbarem Schaumstoff. Außerdem wissen Sie dann, wenn Sie aussehen wie eine Mischung aus Freiheitsstatue und Flugsaurierweibchen, gleich, ob Ihr Gegenüber es ernst mit Ihnen meint.

Gegen Haare in der Suppe

KAFFEE-ZUCKERWÜRFEL
Fürs schnelle Frühstück

34

Wer jeden Morgen früh ins Büro muß, dem bleibt meist nur noch die Zeit für eine schnelle Tasse Kaffee im Stehen. Besonders Eiligen empfehlen wir unsere Instant-Würfel, die sowohl Zucker, Kaffee- und auch Milchpulver bereits direkt zusammen enthalten. Wasser darübergießen, umrühren, fertig. Auch als kleines Aufputschmittel zum Lutschen zwischendurch bestens geeignet.

35

LIPPENSTICKER
Gegen rote Tassenränder

Auf Parties oder Kaffeekränzchen gibt es für die Hausfrau wohl nichts Peinlicheres, als wenn der Besuch am Tassenrand die roten Lippenstiftspuren der Vorgängerin entdeckt. Andererseits ist es dem gepflegten weiblichen Gast natürlich klar, daß auch der eigene Lippenstift unweigerlich solche Spuren hinterläßt. Unangenehme Situationen für alle Beteiligten zu vermeiden helfen unsere Lippensticker: nach dem Kaffee einfach abziehen – fertig!

ZUNGENTEENETZ

36

Im hektischen Geschäftsalltag unserer Zeit bleibt für die gemütliche Tasse Tee kaum noch Zeit. Ob Teezeremonie oder Five o'clock tea, die Stunden der Muße fallen dem engen Terminplan zum Opfer. Damit Sie trotzdem nicht auf Ihren Teegenuß verzichten müssen, haben wir einen Teebeutel entwickelt, der nicht nur Zeit, sondern auch die Tasse spart. Sie stülpen ein gefülltes Zungenteenetz über Ihre Zunge und lassen einfach heißes Wasser darüberlaufen. Bei einer empfindlichen Zunge greifen Sie zusätzlich ruhig zu unserer Zungenisolierung (Nr. 31), denn falsche Schamgefühle sollten Sie bei dieser Art des Teetrinkens ohnehin nicht haben.

Für den Tee im Stehen

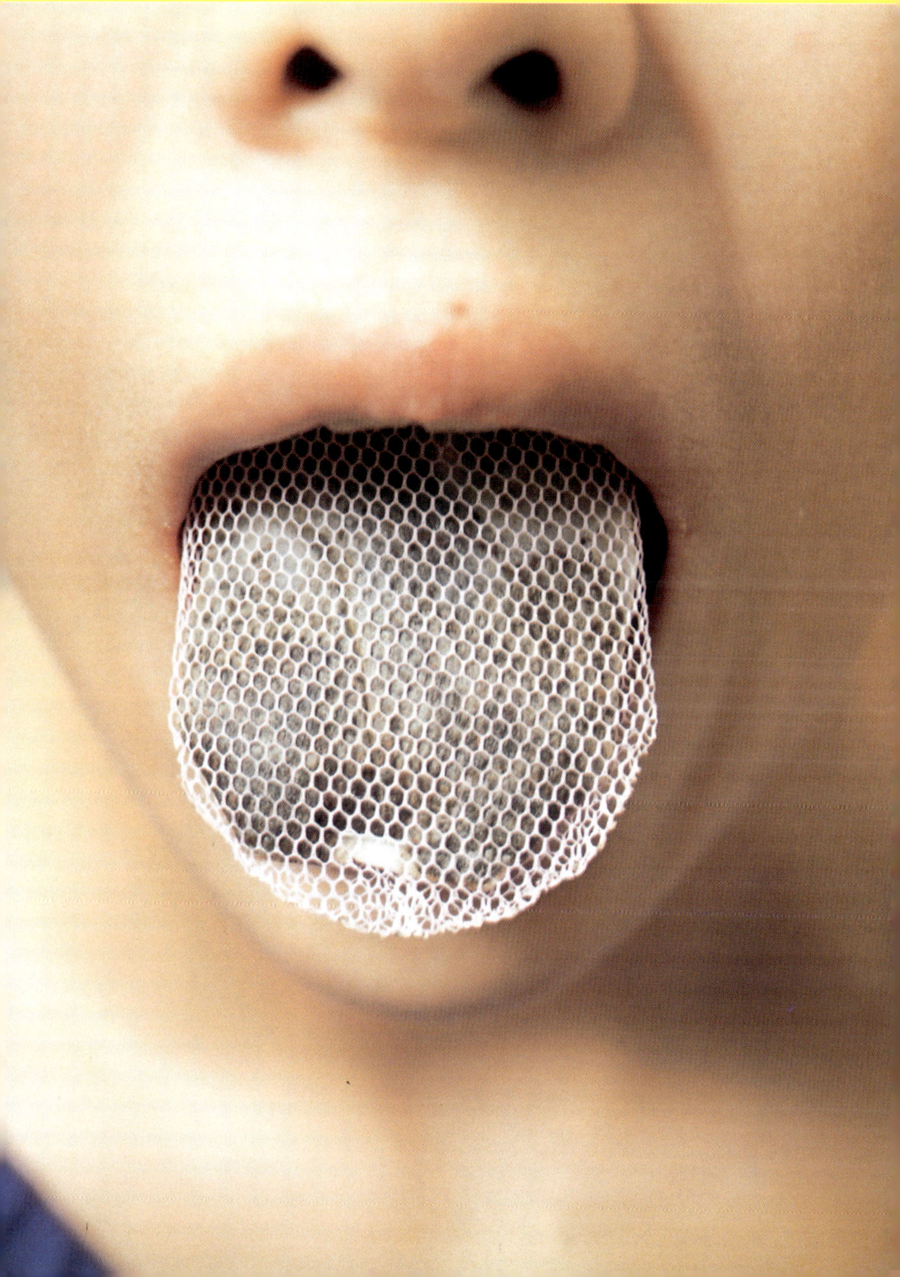

MISCH-STROHHALM

Für die eigene Mischung

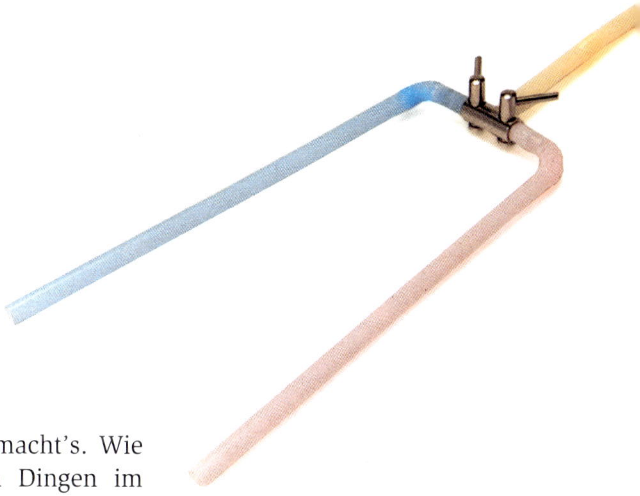

Die Mischung macht's. Wie bei so vielen Dingen im Leben, kommt es gerade bei Mixgetränken auf die richtige Dosierung an. Ein Campari-Soda ist nicht immer der gleiche Campari-Soda. Wie falsch eine Mischung sein kann, erfahren Sie unter Umständen bis auf die zweite Stelle hinter dem Komma bei einer Polizeikontrolle. Es kommt also darauf an, immer den Überblick zu behalten. Mit unserem neu entwickelten Strohhalm bestimmen Sie die Mischung Schluck für Schluck selbst. Ob Kaffee mit Milch, Longdrinks oder Limonade, mit dem Misch-Strohhalm gibt es keine bösen Überraschungen.

DOSENHALTER FÜRS JACKETT

38

Wer viel unterwegs ist und nebenbei immer noch eine Menge zu erledigen hat, für den ist der neue Getränkedosenhalter genau das richtige. Er läßt sich unauffällig an der oberen Jackettasche tragen und bei Bedarf ausklappen. Auch für langweilige Marathonsitzungen ist der Halter gut geeignet. Mit ihm sind Sie bestens versorgt und haben noch beide Hände zum Mitschreiben frei. Achten Sie nur darauf, daß Sie zum Schluß am Dosengrund nicht das bekannte laut schlürfende Geräusch verursachen. Damit wecken Sie nur unnötig die anderen Sitzungsteilnehmer.

Für Vielbeschäftigte

SCHNARCHTRAINER
Für die Selbsttherapie

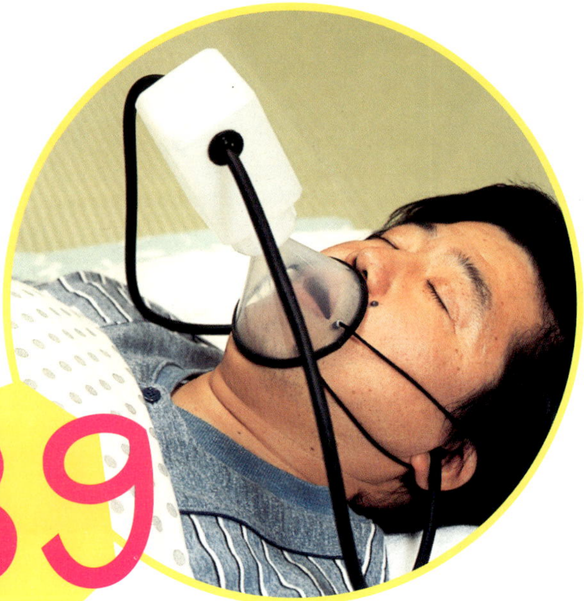

39

Schnarchen ist eine der Krankheiten, unter denen die Mitmenschen mehr leiden als der Kranke selbst. Für den Schnarcher ist es insofern unangenehm als er ständig mit einem schlechten Gewissen ins Bett geht, denn er selbst hört sich nicht schnarchen, weiß aber, daß er seinen Partner oder Zimmergenossen damit zum Wahnsinn treibt. Eine wirksame Therapie gibt es noch nicht. Doch zumindest die mangelnde Selbstkontrolle und die Gewissensfrage kann jetzt mit unserem Schnarchtrainer erfolgreich angegangen werden. Das Gerät leitet die Schnarchgeräusche direkt an das Ohr des Verursachers, der jetzt stets als erster merkt, wann es zuviel wird. So schont er nicht nur die Nerven seiner Zimmergenossen, sondern ist sich auch noch ihres Mitleids gewiß.

STETHOSKOPWECKER
Für individuelles Wecken

Der nervtötende elektronische Alarmton des Weckers weckt nicht nur denjenigen, der geweckt werden will, sondern meist auch gleich die halbe Nachbarschaft. Mit Hilfe einer einfachen Acrylbox und eines Stethoskops haben wir nun ein Gerät konstruiert, das den Weckton kanalisiert und nur den Frühaufsteher weckt, während der Rest der Familie weiterschlafen kann. Besondere Nachteile sind uns nicht bekannt, und wenn Sie es schaffen, die ganze Nacht über auf dem Rücken liegenzubleiben, dann macht es Ihnen sicherlich auch nichts aus, dabei ständig das laute Ticken des Weckers an Ihr Trommelfell hämmern zu hören.

AUGENÖFFNER

41

Sie haben die ganze Nacht durchgearbeitet oder ausgiebig gefeiert und müssen am nächsten Morgen trotzdem hellwach sein? In solchen Fällen haben Sie sicher schon einiges ausprobiert, um die Augen aufzubekommen. Wenn nun nichts mehr hilft, weder Chemikalien aus der Apotheke noch widerliche Hausmittel, dann sollten Sie es mit unserem mechanischen Augenöffner versuchen. Zugegeben, er sieht nicht sehr elegant aus, ist aber durch seine wirklich schmerzhafte Konstruktion auch in Problemfällen überaus wirkungsvoll.

Für den Ernstfall

PAPIERTASCHENTUCH-ROLLE Für Pollenallergiker

Neben Herzinfarkt, Bluthochdruck, Zucker, Krebs, Aids und Atemwegserkrankungen, Übergewicht, Kontaktarmut, Magersucht, Rückenleiden und Hauterkrankungen ist die Pollenallergie eine der am weitesten verbreiteten Krankheiten in den modernen Industrienationen. Alljährlich gleich zu Frühjahrsbeginn sind die Straßen voll von niesenden, schneuzenden Menschen, die das Lied vom nahen Lenz auf ihre Art singen. Doch kein Spott bitte: Für Allergiker ist die Zeit des Pollenflugs eine Zeit der Leiden. Daher möchten wir ihnen diese praktische und ergiebige Papiertaschentuchrolle empfehlen. Sicher erfordert ihr Einsatz zunächst ein wenig modischen Mut, doch hat man erst einmal die eigentlich nur kulturell bedingte Hemmschwelle überwunden, sich eine Klorolle auf den Kopf zu setzen, dann wird man bald erfahren, wie praktisch es ist, nicht zigmal täglich umständlich ein Taschentuch aus der Tasche zu nesteln, um seine triefende Nase trockenzulegen.

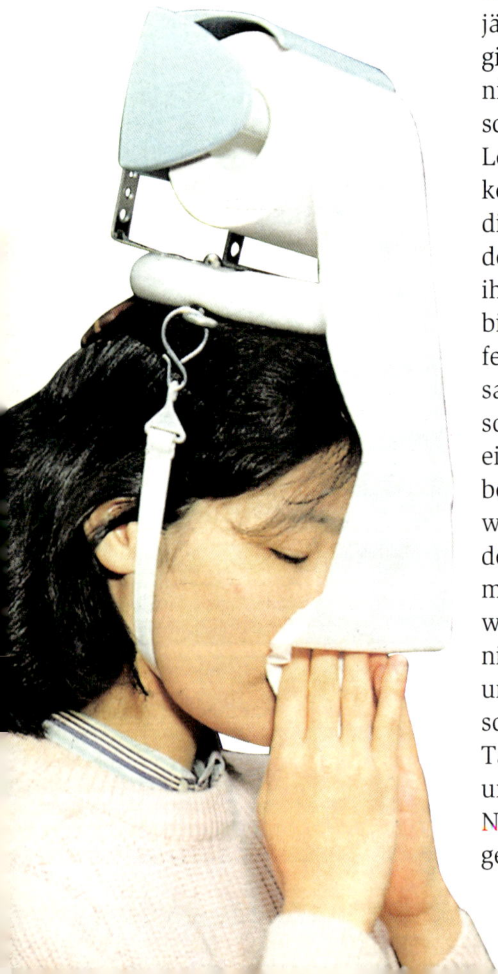

4.

FRISCHLUFTMASKE
Für reine Atemluft

Schnell mal etwas frische Luft schnappen? Das ist einer der Wünsche, die in den voll klimatisierten Büros unserer Innenstädte meist unerfüllt bleiben. Dabei ist es doch ganz einfach. Jeder weiß schließlich noch aus dem Biologieunterricht, daß Pflanzen unser ausgeatmetes Kohlendioxid wieder in Sauerstoff verwandeln. Auf diesem simplen Prinzip beruht unsere neueste klimatechnische Entwicklung, die Frischluftmaske. Wenn es Ihnen stinkt im Büro, schließen Sie die Augen, gehen Sie mental in die grüne Natur und holen Sie erst einmal tief Luft.

43

TRICHTERBRILLE

44

Das Leben legt uns schwere Prüfungen auf: unverständliche Bedienungsanleitungen oder die Game-Shows der privaten Fernsehsender. Auch bei den Weihnachtsgrüßen an Verwandte und Geschäftspartner den Text persönlich und einfallsreich zu variieren, ist nicht leicht, doch nichts ist schwieriger, als sich selbst Tropfen ins Auge zu träufeln. Es klappt fast nie. Man reißt seine Augen so weit wie möglich auf, die Nerven sind auf das äußerste gespannt, das Ziel ist bekannt, und man gibt alles, um es zu treffen, doch dann berührt die Pipette das Lid oder gar die Pupille selbst, die Augen zucken, tränen, und das teure Medikament läuft über die Wange und tropft wirkungslos auf den Boden. Legt das nicht die Vermutung nahe, daß sich die Pharma-Industrie absichtlich für diese Methode entschieden hat, um so mit möglichst viel Überschuß kalkulieren zu können? Wenn Sie allerdings unsere Trichterbrille für das treffsichere Einträufeln von Augentropfen benutzen, hat es ein Ende mit der sinnlosen Verschwendung von teuren Medikamenten. Von nun an liegt Ihre Trefferquote bei 100 Prozent.

Für das treffsichere Einträufeln von Augentropfen

EINWEG-ZAHNPROTHESE

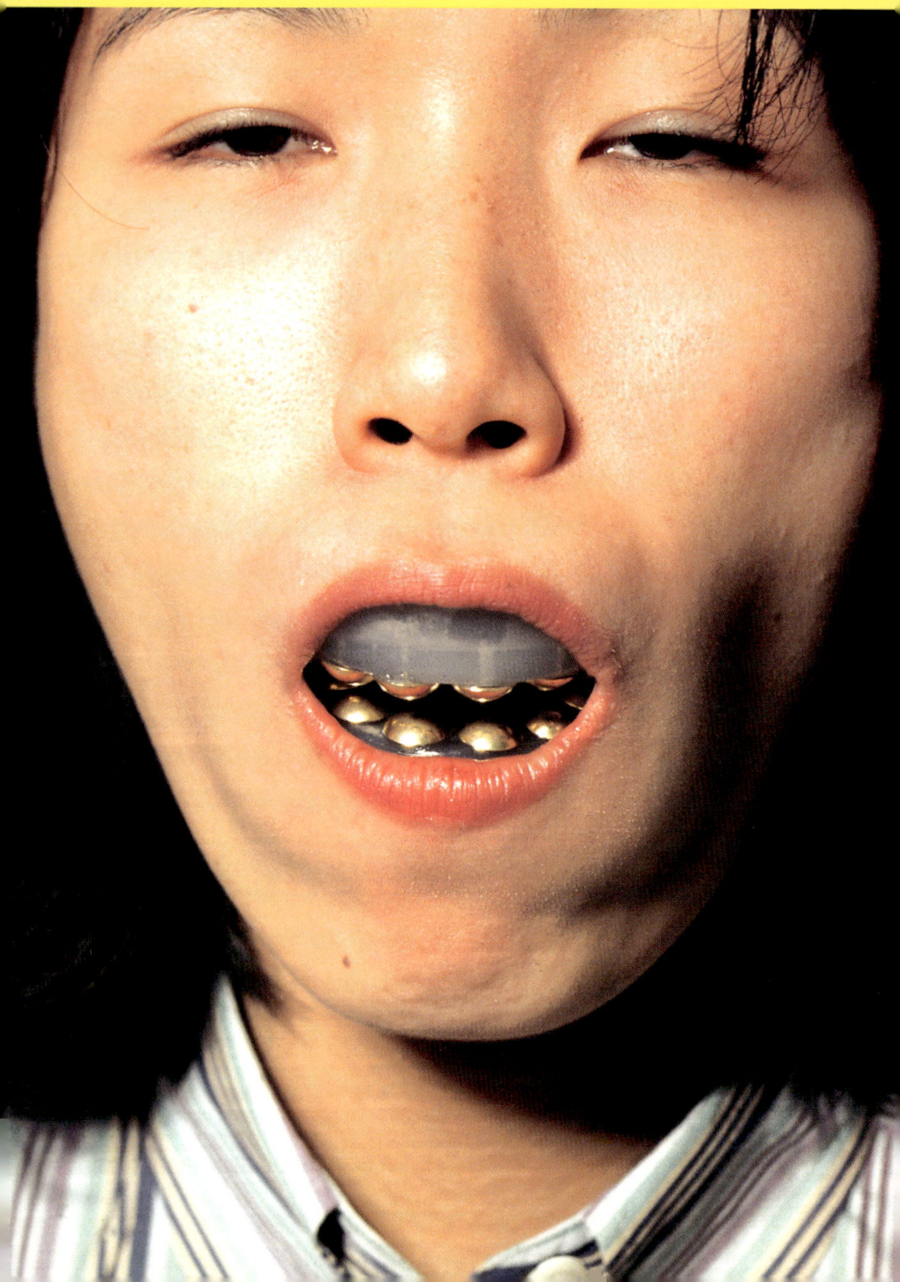

Für die Mundhygiene

45

Nach dem Essen Zähneputzen nicht vergessen – das wissen wir aus der Fernsehwerbung. Mal ist es die Zahnarztfrau, mal der jungdynamische Versicherungskaufmann, der uns ins Gewissen redet. Der Weißkittel droht mit schmerzhafter Behandlung und teurem Zahnersatz, und wenn nach der Mittagspause der Atem nicht sofort wieder frisch ist, steht man gleich im sozialen Abseits. Doch jetzt ist Schluß mit den Schuldgefühlen. Die Einweg-Zahnprothese ist die ideale Lösung für die Mundhygiene auch für den nachlässigen Zeitgenossen, dem das Zähneputzen lästig ist. Sie schützt die Zähne bei der Mahlzeit, anschließend werfen Sie sie einfach weg. Nebenbei eignet sich diese Erfindung auch als Diätmittel, denn mit der Prothese im Mund schmeckt einem garantiert nichts mehr, und wer möchte außerdem aussehen wie die Kreuzung zwischen einem Rhesusaffen und einem Spielzeugroboter?

SCHUH MIT LÜFTUNG

Gegen Fußpilz

Den ganzen Tag auf den Beinen, von Termin zu Termin – da qualmen einem spätestens ab mittags die Füße, und leider nicht nur das, Fußschweiß führt zu unangenehmen Gerüchen und oft auch zu Fußpilz. Wie kann man dem wirksam begegnen? Hausschuhe im Büro sprechen nun nicht gerade für den Aufstiegswillen des Mitarbeiters, und Sandalen, womöglich noch mit Socken, setzen einen schnell dem Verdacht aus, ein Spießer oder Softy zu sein. Unser Schuh mit der mechanischen Blasebalgbelüftung bietet die Alternative. Zwei Blasebälge im Absatz sorgen bei jedem Schritt für ausreichende Belüftung des Fußbettes und nehmen dem Fußpilz die natürliche Lebensgrundlage. Wenn Sie allerdings vorwiegend im Sitzen tätig sind, sollten Sie hin und wieder eine kleine Runde drehen.

Wir wissen alle, wie gesund es ist, barfuß zu gehen. Im Urlaub genießen wir es, barfuß am Strand zu laufen, durch taufeuchte Wiesen zu gehen und dabei über die Reflexzonen der Füße unseren gesamten Organismus zu entspannen und zu erfrischen. Aber das natürliche Barfußgehen läßt sich im Alltag nur schlecht praktizieren. Im Büro können wir uns jedenfalls nicht ohne Schuhe blicken lassen. Aus diesem Grund haben wir diesen Gesundheitsschuh entwickelt. Mit offener Sohle haben Sie stets den wohltuenden Bodenkontakt. Achten Sie nur etwas aufmerksamer auf Hundehaufen, und die Raucher aufgepaßt: nicht wie gewohnt die Zigarettenkippen austreten!

GESUNDHEITSSCHUH
Für natürliches Gehen

46

47

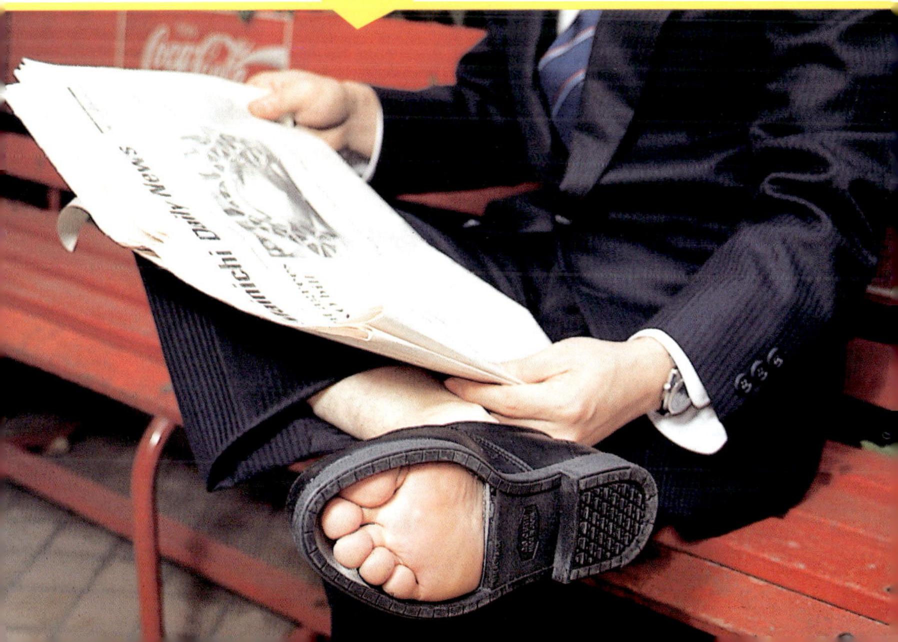

STÜTZRÄDER
Für Stöckelschuhe

48

Zum modischen Business-Outfit braucht die Powerfrau High-heels. Zum Lunch mit dem Art-director der neuen Werbeagentur geht man schließlich nicht in irgendwelchen Gesundheitslatschen. Doch was, wenn es mit dem Gehen auf den hohen Absätzen nicht so richtig klappt? Das gekonnte Umknicken zur rechten Zeit kann zwar durchaus sexy aussehen und in manchen Fällen die erhoffte Wirkung haben, doch meist ist es einfach nur sehr schmerzhaft. Anfängerinnen empfehlen wir deshalb unsere praktischen Stützräder für den aufrechten Gang im Berufsleben.

DAMENSCHUH
Für schmerzfreies Gehen

49

Viele, auch jüngere Frauen, werden von Hühneraugen geplagt, eine Zivilisationskrankheit, die sehr schmerzhaft ist und im schlimmsten Falle auch operiert werden muß. Die Schuhmode nimmt auf dermaßen profane Leiden jedoch wenig Rücksicht. Und so ist der elegante Schuh für den Abend meist eng und hat hohe Absätze. Frauen, die trotz ihrer Hühneraugen nicht auf die modischen Pumps verzichten wollen, bieten wir eine schmerzfreie Alternative. Unser Schuh läßt durch seine beidseitigen Öffnungen genügend Platz für die geplagten Druckstellen an den Zehen. Allerdings sollten Sie darauf achten, daß Sie mit den herausstehenden Zehen nicht versehentlich an Türkanten oder Tischbeinen einfädeln und den Zeh so schmerzhaft zur Seite biegen.

Ganzkörper-Regenschirm

In der Geschichte des Regenschirms hat es bis heute außer dem Taschenschirm und der Automatik keine wesentliche Weiterentwicklung gegeben. Dabei gibt es immer noch genügend Mängel, die zu beheben sind, wie z. B. das Umklappen des Schirms bei Sturm, das Tropfwasser, das einem nicht nur die eigenen Schuhspitzen durchnäßt, sondern auch die Schultern von Begleitpersonen. Unser Ganzkörperschirm geht die Probleme an. Seine durchsichtige Hülle reicht bis auf den Boden und schützt so auch seitlich vor starkem Wind oder dem Spritzwasser vorbeifahrender Autos. Zugegeben, möglicherweise ist die Konstruktion nicht ganz windunempfindlich, und beim Zusammenfalten bekommen Sie vielleicht mehr Nässe ab als ohne Schirm, aber wir behaupten ja auch nicht, alle Probleme beseitigt zu haben.

WASSERDICHTER BADEANZUG

51

Ein Vollbad entspannt und fördert das Wohlbefinden, doch es kostet viel Zeit und einen Aufwand, den man so zwischendurch gar nicht betreiben kann: ausziehen, baden, abtrocknen, Body-Lotion, fönen, anziehen, und nebenbei sind auch noch 150 Liter Trinkwasser verunreinigt. Die ganze Prozedur für zehn Minuten wohlige Wärme. Wir haben deshalb einen wasserdichten Ganzkörperbadeanzug entwickelt. Jetzt ist der Weg zum Wohlbefinden kurz, einfach den Badeanzug über das Kostüm oder den Anzug und rein in die Wanne. Nach dem Bad stehen Sie in zehn Sekunden wieder fix und fertig vor der Tür. Das Wasser bleibt sauber und kann noch von anderen Mitgliedern der Familie benutzt werden. Doch bleiben Sie nicht zu lange in der Wanne, sonst ruiniert das Kondenswasser Ihre Kleidung. Überprüfen Sie den Anzug vor jedem Bad jedoch gründlich auf undichte Stellen – so viel Zeit muß sein.

FAHRRADSATTELSCHIRM
Gegen nasse Hosen

52

Das Fahrrad ist längst nicht mehr nur Fortbewegungsmittel oder Ausweis alternativer und ökologischer Gesinnung, sondern auch von der karriere- und fitnessbewußten Klientel off-road wie im City-Stau als angemessenes Freizeit- und High-tech-Gerät entdeckt. Die richtige Marke bzw. die richtigen »Bauelemente« rechtfertigen Preise bis in fünfstellige Höhen. Für den jungen Erfolgreichen, der nach einem kleinen Regenschauer sich und seinen teuren Anzug in den Sattel, aber nicht ins Nasse schwingen möchte, haben wir diesen längst fälligen Fahrradsattelschirm entwikkelt. Wer das nötige Technologie- und Markenbewußtsein hat, wird auch so schnell nicht auf die absurde Idee verfallen, eine profane Plastiktüte über den Sattel zu stülpen.

SCHUHSPITZENSCHIRM
Zum Schutz der Schuhe vor Regen

53

Auch der normale Regenschirm gehört eigentlich in die Liste der Chindogu, weil er einen entscheidenden Nachteil hat: Egal, wie schnell oder langsam man geht, wie große oder kleine Schritte man macht, immer tropft das Regenwasser genau auf die Schuhspitzen. Hier schafft nun unser Schuhspitzenschirm Abhilfe. Er bietet, farblich abgestimmt auf Kleidung und Schuhe, modischen Nässeschutz ohne Chemie. Anfängliche Schwierigkeiten beim Gehen sind sicher bald überwunden.

T-SHIRT
MIT KRATZRASTER

Zum Lokalisieren juckender Stellen

54

Wenn es uns am Rücken juckt, genießen wir es, vom Partner hingebungsvoll gekratzt zu werden. Problematisch ist dabei jedoch das genaue Ansagen der betreffenden Stelle. Angaben wie »weiter links« oder »mehr rechts« liegen meist so haarscharf daneben, daß es zum Verrücktwerden ist. Hier hilft unser T-Shirt mit Kratzraster. Zusammen mit dem verkleinerten Handmodell gelingt damit die genaue Anweisung problemlos. Jetzt heißt es nicht mehr »da oben«, sondern ganz präzise z. B. »F 5« oder »G 8«, und der Partner kann gezielt in Aktion treten. Das Ganze funktioniert hervorragend – sobald Sie erst einmal Ihr Rückenraster ganz verinnerlicht haben.

BRILLE MIT FLIEGENGITTER

55

An schönen Sommertagen auf dem Zweirad durch Felder und Wiesen zu gleiten, ist, neben Grillwürstchen und Dosenbier, eines der Vergnügen, das wir mit der Jahreszeit in Verbindung bringen. So fliegen wir schwerelos dahin, die Hand am Gaszug und die Nase im Fahrtwind, aber nicht nur die Nase, sondern auch die vor Freude weit aufgerissenen Augen, und so passiert es schnell, daß ein Insekt in diese sich ihm anbiedernden Öffnungen fliegt. Das Auge tränt, brennt, schmerzt, und das Vergnügen am Rausch der Geschwindigkeit ist sogleich empfindlich getrübt. Das muß nicht sein. Unsere Brille mit Fliegengitter verhilft jetzt auch dem Nicht-Brillenträger zu wirkungsvollem Schutz vor den Sturzfliegern. Und wer sich erst an die Perspektive durchs Gitter gewöhnt hat, den wird auch der nahe Blickkontakt mit den zerborstenen, blutenden Opfern nicht mehr stören.

BRILLE »CHAMÄLEON«
Für freie Rundumsicht

Die ideale Brille für Menschen, die ihre Augen überall gleichzeitig haben müssen: für Kindergärtnerinnen, Lehrer, Autofahrer oder Broker an der Börse. Überall, wo Umsicht und schnelle Reaktion gefordert sind, hilft unsere Brille »Chamäleon«. Mit ihr können Sie gleichzeitig nach vorn und hinten schauen. Sie müssen nur jeweils ein Auge dabei schließen, also wenn Sie nach vorn schauen wollen, schnell das linke Auge schließen, und bei Sicht nach hinten das rechte Auge offenhalten, ... nein schließen – oder umgekehrt?

56

BRILLE GEGEN HÖHENANGST

Für mehr Bodenhaftung

57

Höhenangst ist eine weitverbreitete Phobie, die, wer nicht selbst davon betroffen ist, nur schwer verstehen kann. Wer darunter leidet, weiß dagegen, wie der Weg über eine ganz normale Brücke, manche Treppe und schon allein der Blick aus dem Fenster eines Hochhauses zur Tortur werden kann und einem den Angstschweiß auf die Stirn treibt. Manch einer dieser unglücklichen Menschen ist in solchen Streßsituationen zu keinem klaren Gedanken mehr fähig. Für alle diese hat es nun ein Ende mit der beklemmenden Haltlosigkeit. Mit der Chindogu-Brille gegen Höhenangst haben Sie immer sicheren Grund im Blick und können auch im elften Stock selbstbewußt auftreten. Achten Sie aber vor allem darauf, wohin Sie dann so selbstbewußt treten, denn unsere Brille engt das Sichtfeld doch ein wenig ein.

MODESCHMUCK MIT OHRSTÖPSEL

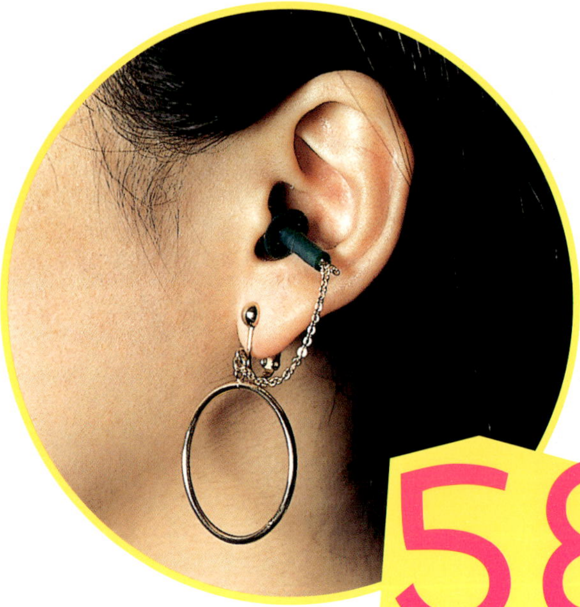

58

Für langweilige Schulstunden, Konferenzen oder einfach, wenn Ihnen in der U-Bahn das Gedudel aus dem Walkman Ihres Sitznachbarn auf die Nerven geht: Unser Ohrring mit kombiniertem Stöpsel ist modisch schick und immer griffbereit. Er erlaubt Ihnen Rückzug und Konzentration selbst bei Lärm oder dummem Gerede. Hier unser Tip: Stecken Sie ihn nicht zu tief ins Ohr und überprüfen Sie ihn nach der Benutzung, sonst kann es passieren, daß er bernsteingelb in der Nachmittagssonne funkelt.

Zum Rückzug ins Privatleben

BETT-LESEBRILLE

Das gemütliche Lesen im Bett ist nicht für alle von uns ein spannender Genuß. Viele schlafen schon nach wenigen Seiten ein. Als Brillenträger hat man noch ein anderes Problem: Man kann nicht auf der Seite liegen! Je nach Härte der Gesichtsmuskulatur bekommt entweder das Gesicht schmerzhafte Druckstellen, oder die teure Designer-Brille verbiegt. Hier hilft unsere Bett-Lesebrille mit zentraler Kopfhalterung ohne störende seitliche Bügel. Schmerzfrei kann der Brillenträger sich nun bei spannender Lektüre ins Kissen kuscheln – und auch in Seitenlage beim Lesen einschlafen.

Für die liegende Lektüre

59

DOPPELSEITIGE ZAHNBÜRSTE
Für schnelle Mundhygiene

60

Wie viele unserer Erfindungen hilft auch diese Zahnbürste dem berufstätigen Menschen, kostbare Zeit zu sparen. Ausgiebiges Zähneputzen nach der Mahlzeit ist wichtig, doch wer morgens früh raus muß, dem hilft unsere doppelseitige Zahnbürste, das Ganze in der Hälfte der Zeit zu erledigen. Unser Tip: Wählen Sie keine allzu harten Borsten, weil Sie sich sonst beim Putzen der Zahnaußenseiten die Innenseiten der Wangen blutig scheuern.

61

ZAHNBÜRSTE
Mit integrierter Zahnpastatube

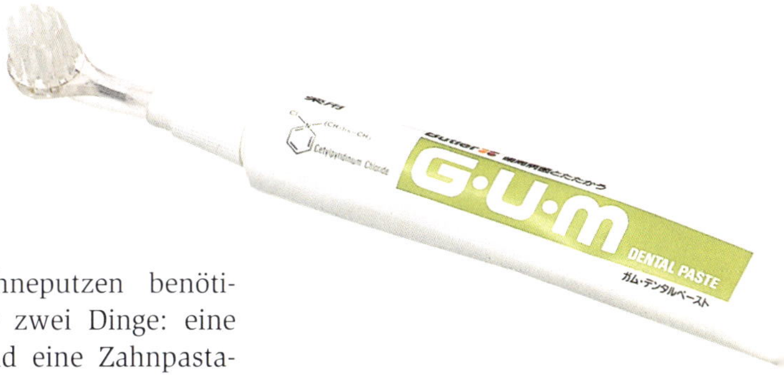

Zum Zähneputzen benötigen wir zwei Dinge: eine Zahnbürste und eine Zahnpastatube. Wir haben darüber nachgedacht. Unser neues Kombimodell bietet beides in einem. Die Zahnpasta kommt direkt aus der Zahnbürste, und die Tube ist gleichzeitig der Griff. Diese Erfindung ist, weil eigentlich viel zu praktisch, fast schon kein echtes Chindogu mehr. Doch es bleibt uns der Trost, daß immerhin die Tube, wenn man sie nur fest genug greift, sich stoßartig entleert.

FINGERNAGEL-KAUSCHUTZ

Für meeresfrischen Kaugenuß

62

Nägelkauen ist eine unangenehme Eigenschaft, die die unterschiedlichsten Ursachen haben kann,

die abgekauten Nägel verraten meist ihren Träger als nervös oder unsicher. Außerdem sehen sie gerade bei ansonsten gepflegten Frauen nicht schön aus. Denjenigen, die sich das Kauen abgewöhnen wollen, bieten wir jetzt unser Kauschutz-Set an. Die aufziehbaren Nägel aus getrocknetem Tintenfisch sind unauffällig fleischfarben und garantiert bißfest. Jetzt haben Sie die Wahl und können sich entscheiden, was Ihnen lieber ist: abgekaute Nägel oder Fischfinger.

NAGELKNIPSER »ALLE FÜNFE«

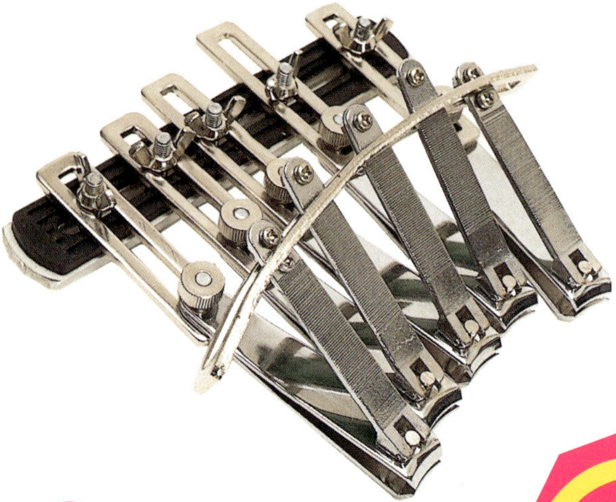

63

Es gibt eine Menge überflüssiger Tätigkeiten, eine davon ist das Nägelschneiden. Finger für Finger, Zeh für Zeh müht man sich ab und verschwendet dabei im Laufe seines Lebens viel Zeit, die man für sinnvollere Tätigkeiten nutzen könnte. Um diesen Mißstand zu beheben, wurde unser neuer Nagelknipser entwickelt, der auf einen Druck alle fünf Nägel gleichzeitig schneidet. Die einzelnen Knipser sind auf einer Metallschiene variabel angebracht. Das ermöglicht eine individuelle Einstellung auf die unterschiedlichsten Extremitäten. Das Gerät spart wertvolle Zeit, es sei denn, Sie wollen eine unsauber geschnittene Stelle unbedingt korrigieren. Dann geht alles wieder von vorne los: Schraube lösen, einstellen, Schraube wieder feststellen, knipsen, lösen, einstellen, feststellen, knipsen, lösen, einstellen, feststellen ...

Zur ganzheitlichen Nagelpflege

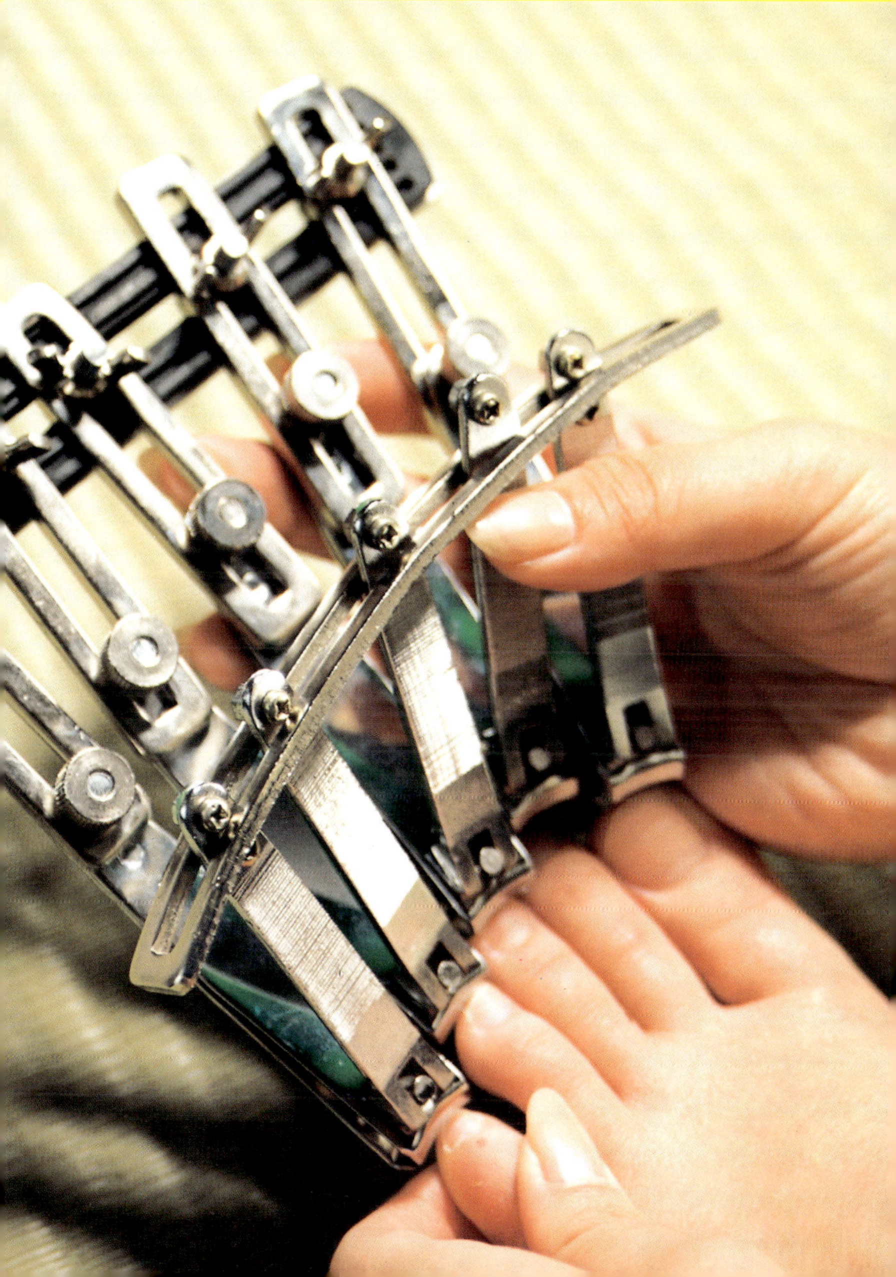

MANIKÜRE-SET
Schnell und einfach

Wenn Sie auch zu den Frauen gehören, die gerne mal die Farbe ihres Nagellacks wechseln, dann wird Ihnen das neue Maniküre-Set wie gerufen kommen. Bisher mußten Sie zum Ausprobieren einer neuen Farbe immer umständlich einen Nagel lackieren, vielleicht den Lack wieder entfernen, neuen auftragen, trocknen lassen usw. Mit dem neuen Maniküre-Set ziehen Sie die Wunschfarbe einfach über und genauso schnell wieder ab. Vielleicht sind Sie auch so begeistert, daß Sie Ihre Nägel gar nicht mehr lackieren, sondern gleich die praktischen kleinen Überzieher benutzen.

64

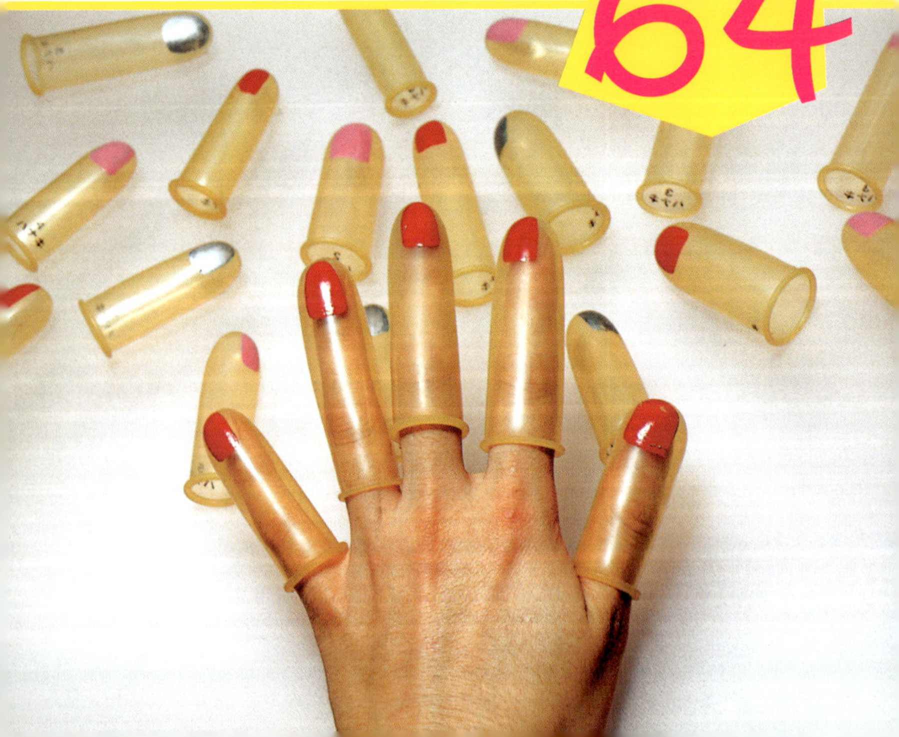

EINZELZEH-STRUMPF
Praktisch und gesund

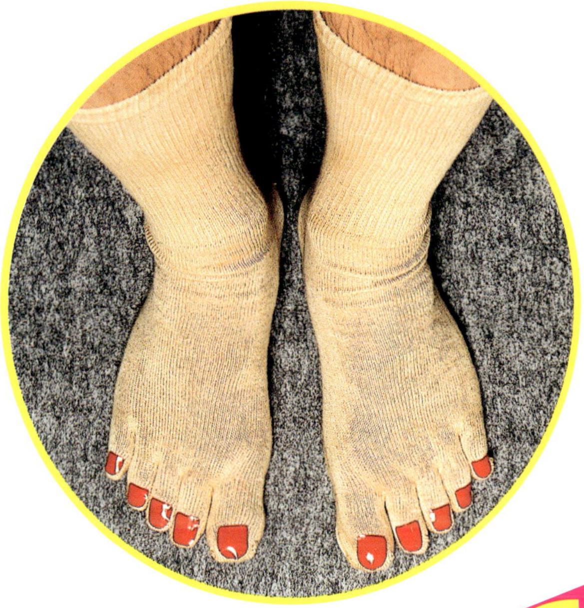

65

Was dem Fingerhandschuh recht, kann dem Strumpf nur billig sein, dachte sich der Erfinder des Einzelzeh-Strumpfs, und in der Tat hat dieses fleischfarbene Modell gleich zwei entscheidende Vorteile. Durch die Separation der einzelnen Zehen erschwert der Strumpf dem Fußpilz seine Verbreitung, und durch die auf die fleischfarbene Wolle aufgesetzten lackierten Fußnägel ermöglicht er es modisch bewußten Frauen, auch an kühlen Sommertagen einen leichten, offenen Schuh zu tragen.

GESICHTSMASKENKISSEN

Für die schnelle Kosmetik

66

Wer möchte nicht alles tun, um die jugendliche Schönheit seiner Haut zu erhalten? Für viele Frauen ist die allabendliche Schönheitsmaske deshalb fast schon so etwas wie ein Ritual. Doch vielen ist das umständliche Auftragen von Cremes oder Reinigungsmilch auch zu lästig. Trotz aller Fortschritte bei den Mitteln selbst hat die Kosmetikindustrie noch kein brauchbares Gerät zum Auftragen entwickelt. Da wird unser neues Gesichtsmaskenkissen sicher begeisterten Zuspruch finden. Ein weiches Kissen getränkt mit der entsprechenden Lotion oder Creme, Luft anhalten und das Gesicht gleichmäßig hineindrücken – fertig.

LIPPENSTEMPEL

Frauen wissen, wie zeitaufwendig es ist, sich die Lippen richtig zu schminken. Der Chindogu-Lippenstempel schafft das in zwei Sekunden. Vor dem ersten Einsatz auf Ihre persönliche Lippenform zugeschnitten, sorgt er für immer gleich exakte Konturen – vorausgesetzt Sie tragen den Lippenstift auch sorgfältig genug auf den Stempel auf.

67

Für akkurates Make-up

HAARTROCKNER FÜR EILIGE

Die schnelle Dusche und Haarwäsche gehören für uns zur morgendlichen Routine. Auch wenn man als jungdynamischer Angestellter nach einer kurzen Nacht mal etwas spät dran ist oder früh aus dem Haus muß, möchte man natürlich trotzdem nicht mit nassen oder verlegenen Haaren im Büro erscheinen. Hier hilft unser Haartrockner für Eilige. Trockenhaube auf den Kopf, Spezialschuhe mit Blasebalg an die Füße, und los geht's – Haare fönen im Gehen. Rationeller geht es wirklich nicht mehr. Nachteile sind uns nicht bekannt. Wenn Sie es allerdings richtig eilig haben, können Sie natürlich nicht mit dem Auto fahren, sonst trocknen die Haare nicht.

Spart Strom und Zeit

68

DIÄT-HUNDENAPF
Für das übergewichtige Haustier

In unserer Überflußgesellschaft ist selbst das Haustier zum Gourmet geworden, und die Werbung lehrt uns, daß wir ihm nicht mehr irgendein billiges Dosenfutter vorsetzen können. Das Tier verlangt nach Abwechslung: heute Filet, morgen Thunfisch an »delikater Jelly« und anschließend noch ein Häppchen von Muttis Kaffeetisch. Liebe geht eben auch beim Hund durch den Magen. Da bekommen die kleinen Lieblinge schon mal Probleme mit der Figur. Für die erfolgreiche Hundediät empfehlen wir unseren Diätnapf, der dem übergewichtigen Tier das Gefühl gibt, vor einem gut gefüllten Napf zu sitzen.

69

FLUSENROLLE
Für Katzen

70

Immer mehr Menschen in den Großstädten halten Hunde oder Katzen in der Wohnung. Für viele wird der Hausgenosse zum besten Freund oder Familienersatz. Aber auch der beste Freund verliert Fell, und es ist schon ein echter Freundschaftsdienst, täglich die unzähligen Haare aufzulesen, besonders dann, wenn sie schon im Teppich festgetreten sind und auch der Staubsauger nicht mehr hilft.

Wir finden, es ist nicht zuviel verlangt, wenn die Tiere ihren Dreck selbst beseitigen. Daher haben wir die »Flusenrolle für Katzen« entwickelt. So nehmen die Tiere die Haare, die sie beim Herumstreunen verlieren, gleich wieder auf. Bei ersten Tests hat sich jedoch herausgestellt, daß Hunde das ursprünglich für Katzen entwickelte Gerät weitaus bereitwilliger bedienen als die eigenwilligen Samtpfoten.

KATZENSTIEFEL MIT STAUBWEDEL

Problemzonen beim Putzen? Schwer erreichbare Ecken? Schicken Sie Ihre Katze auf Putzmission! Täglich fällt Staub in der Wohnung an, besonders in den Ecken hinter Schränken, Sofas oder Türen. Ihn jeden Tag zu beseitigen, wäre nun aber auch der gewissenhaftesten Hausfrau zuviel. Warum nicht die geschmeidigen Hausgenossen damit beauftragen? Streifen sie doch ohnehin den ganzen Tag sinnlos in der Wohnung umher. Dabei können sie sich nun mal nützlich machen. Hierzu haben wir die Katzenstiefel mit Staubwedel entwickelt, die sich auch mit Wischlappen oder Mop bestücken lassen. Das einzige, was Sie dann noch zu tun haben, ist, der Katze klarzumachen, daß sie nicht zuerst das Katzenklo wischt und danach den Eßtisch.

Für die gelehrige Katze

71

BAUCHWEGTRAINER

Essen ohne Reue

Trainingsgeräte gibt es heute in den vielfältigsten Spielarten, Preisklassen und für jede Gelegenheit. Wenn man im Bodybuilding-Studio wie ein Hamster auf dem Laufband rennt und dabei zur Ablenkung etwas fernsieht oder zuhause beim Lesen nebenbei mit verbissenem Gesicht Tennisbälle knetet, um die Unterarme zu straffen, warum soll man dann nicht auch beim Essen seine Bauchmuskulatur stählen? Davon träumen schließlich Millionen: Abnehmen beim Essen! Mit dem neuen Chindogu-Bauchwegtrainer wird der Traum wahr! Für jeden Bissen die gesamte Bauchmuskulatur anzuspannen, verbraucht mehr Kalorien, als Sie beim Essen zu sich nehmen. Außerdem wird Ihnen durch das ständige Auf und Ab auch sicher bald schlecht, und Sie können dann sowieso nichts mehr zu sich nehmen.

72

PINGDO
Pingpong mit dem Kopf

Wir haben in Anlehnung an alte japanische Kampfsportarten das Pingpong weiterentwickelt und einen neuen Weg zur Stärkung der Hals- und Gesichtsmuskulatur gefunden. Ähnlich wie beim Kendo setzen Sie sich eine Maske auf, an der in unserem Fall ein Tischtennisschläger befestigt ist. Gespielt wird dann nach den bekannten Pingpong-Regeln. Der Trainigseffekt ist enorm. Nach etwa fünf Minuten intensiven Spiels bricht Ihnen sicher der Schweiß aus, nach zehn Minuten können Sie wahrscheinlich Ihren Kopf nicht mehr bewegen.

EXPANDER für unterwegs

Noch ein Sportgerät für jede Gelegenheit. Mit unserem Chindogu-Expander sind Sie unabhängig von den Öffnungszeiten Ihres Fitness-Studios. Mit ihm können Sie sinnlose Zeit unterwegs zur Steigerung Ihrer Fitness nutzen. Beim Warten auf den Bus, in der Schlange beim Postamt oder auf Geschäftsreisen im Flugzeug: eingebunden in das leichte Brustgeschirr reicht ein Griff für zwanzig oder dreißig schnelle Trainingseinheiten. Unser Tip: Bei Flugreisen empfiehlt es sich, das Gerät erst nach dem Sicherheits-Check anzulegen, sonst könnte man Sie leicht für einen Terroristen halten.

74

EINWEGKAMERA MIT ZOOM

Für preiswerte Nahaufnahmen

Die meisten Menschen fotografieren gern. Doch wir sind nicht alle Profis, die gleich teure Kameras und Objektive kaufen wollen. Für uns reichen meist die kleinen Einwegkameras, die jedoch bisher den Nachteil hatten, daß sie keine Zoomfunktion aufweisen. Jetzt gibt es endlich die preiswerte Technologie, die es uns ermöglicht, auch mit der billigen Einwegkamera effektvolle Nahaufnahmen von Raubtieren im Zoo oder unseren gefiederten kleinen Freunden im Garten zu machen. Die Kamera auf der »magischen Hand« ermöglicht umgekehrt montiert darüber hinaus auch das Selbstporträt ohne Stativ und Selbstauslöser. Kreative Zufallsergebnisse sind kostenlos inbegriffen, denn, und das ist wirklich der einzige Nachteil, durch den Sucher kann man auf die Entfernung nicht mehr blicken.

75

FOTOAPPARAT MIT »CHEESE-FUNKTION«

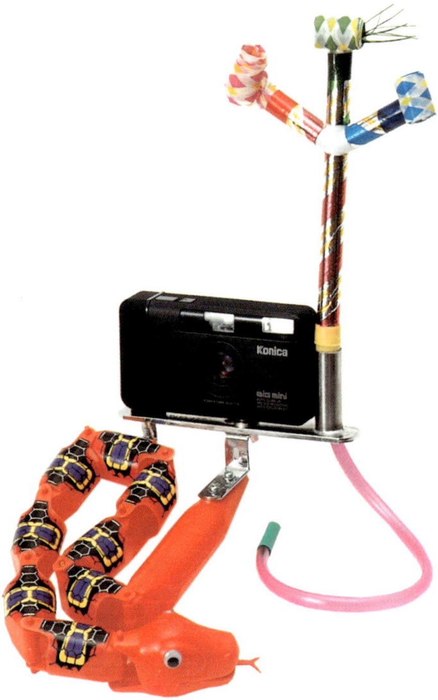

76

Jeder weiß, wie schwierig es ist, schöne und wirklich ungezwungene Aufnahmen von Kindern zu machen. Die Kleinen sehen den Sinn der Prozedur meist nicht ein, und mit Sätzen wie »Schau mal, das Vögelchen« erreicht man gerade bei den schon Älteren nicht mehr, als daß sie einen für etwas blöd, zumindest für völlig »uncool« halten. Hier schafft unsere neue Kamera Abhilfe. An ihr sind verschiedene Spielzeuge befestigt, die beim Fotografieren durch gleichzeitiges kräftiges Pusten in einen Verbindungsschlauch in Bewegung geraten. Vorn schießt eine lustige Klapperschlange aus Plastik vor. So entsteht das beabsichtigte frohe Mienenspiel im Gesicht des Kindes. Sollte, was in Einzelfällen passieren kann, das Kleinkind sich vor der Schlange erschrecken, so haben Sie statt der üblichen gestellten Pose immerhin noch eine echte und spontane Regung auf den Film gebannt.

Für fröhliche Kindergesichter

RUNDUM-PANORAMA-KAMERA

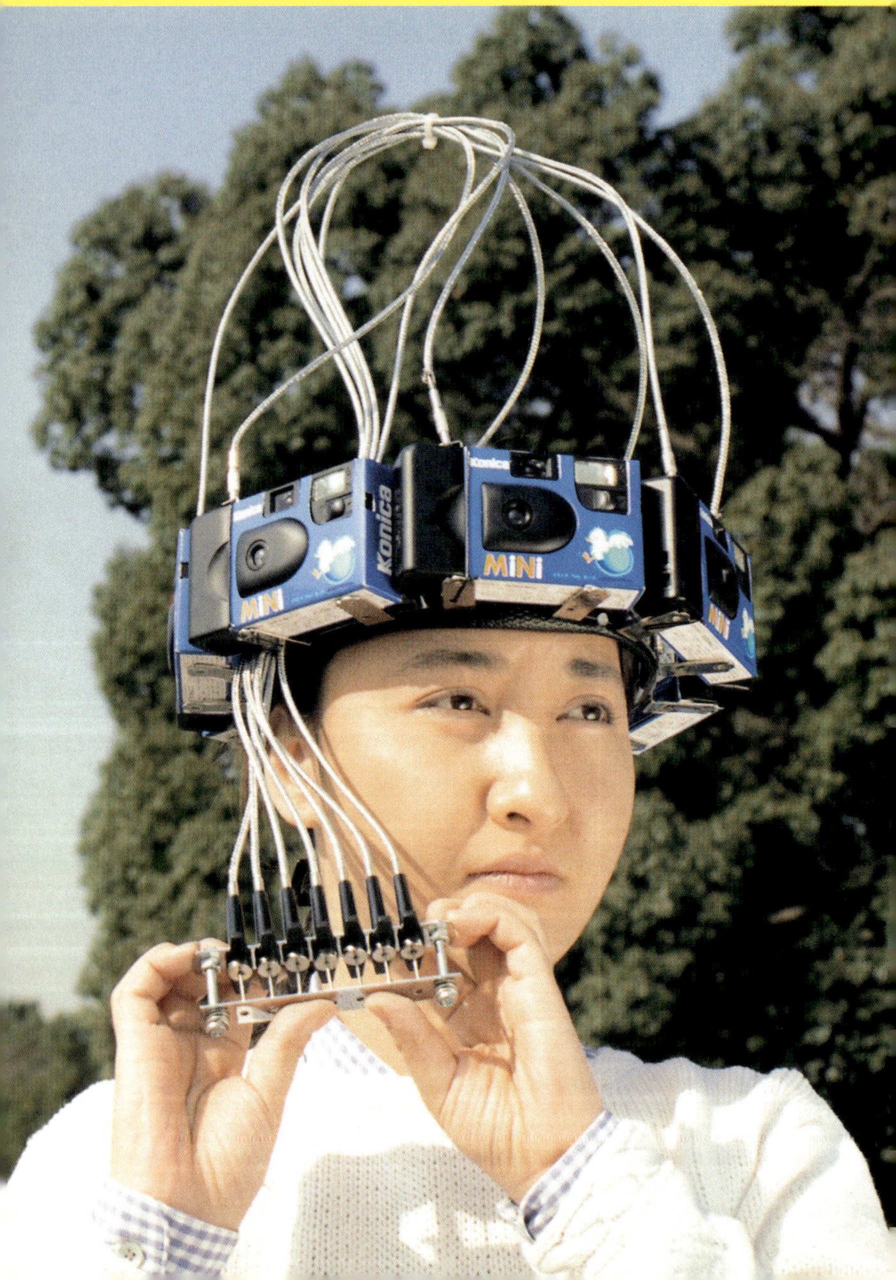

Für die perfekte Illusion

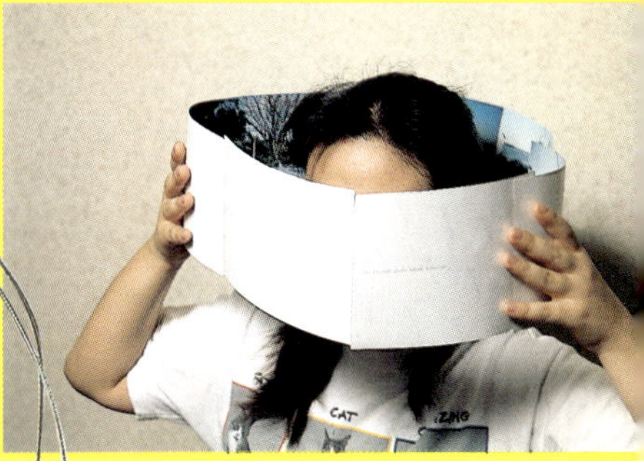

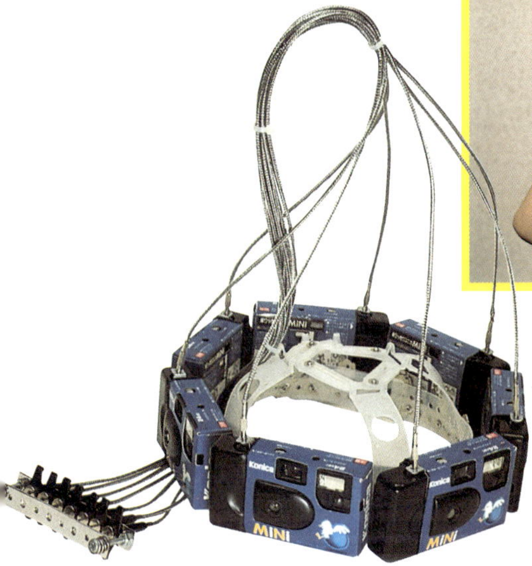

77

Mit dieser Erfindung hat die Entwicklung der Panoramafotografie ihren bisherigen Höhepunkt erreicht! Unsere Panoramakamera erfaßt die Welt ganz, in einem Winkel von vollen 360 Grad. Mit einem einzigen Knopfdruck können Sie gleichzeitig sieben auf einem Ring montierte Kameras auslösen. Unser Tip: Wenn die Fotos entwickelt sind, kleben Sie sie wieder zu einem Kranz zusammen und stekken den Kopf auf Augenhöhe hinein. So erzielen Sie eine besonders schöne und authentische Wirkung beim Betrachten.

FISHEYE-SPIEGEL

Eine weitere Erfindung, die Fotoamateuren teure Spezialobjektive erspart. Mit unserem halbkugelförmigen Spiegel machen Sie mühelos effektvolle Aufnahmen in Weitwinkel- und Fischaugen-Optik. Ideal auch für den Touristen! Statt schwerer und empfindlicher Objektive mit sich herumzuschleppen, tragen Sie einfach den schweren und empfindlichen Kugelspiegel mit sich. Und: Sie fangen viel mehr Landschaft ein und sind selbst immer mit auf dem Bild. Wenn Sie das ebenfalls für einen Vorteil halten, wird es Sie sicher auch nicht stören, daß alle Fotos seitenverkehrt aufgenommen sind.

78

Für preiswerte Weitwinkel-aufnahmen

PENDLERSITZ
Für überfüllte Nahverkehrsmittel

Die Segnungen des öffentlichen Personennahverkehrs sind jedem Pendler bekannt. Busse und Bahnen haben Verspätung und sind immer überfüllt, besonders bei feucht-warmer Witterung. Einen Sitzplatz zu bekommen ist aussichtslos. Hier bietet unser tragbarer Pendlersitz die Lösung, die dem Ruhebedürfnis von erschöpften Arbeitnehmern und Schülern entgegenkommt. Seine Sitzfläche ist mit einer ausklappbaren Edelstahlstütze ausgestattet, die sich mühelos auch in den engsten Freiraum zwischen den Oberschenkeln zweier sitzender Fahrgäste schieben läßt. Schon sitzen Sie bequem und leicht erhöht, was Ihnen zudem den Blick in die umliegenden Tageszeitungen gestattet. Doch Vorsicht: Eine durch morgendliche Müdigkeit bedingte Unachtsamkeit beim Plazieren der Stütze kann bei den Sitznachbarn zu empfindlichen Quetschungen führen.

U-BAHN-HÄNGESITZ
Für »Pendler«

Ein weiteres sinnvolles Gerät für den öffentlichen Personennahverkehr. Auch mit unserem U-Bahn-Hängesitz sind Sie von den ohnehin immer besetzten Sitzplätzen unabhängig. Der Sitz läßt sich leicht an jeder Haltestange befestigen und auf Ihre individuelle Sitzhöhe einstellen. Leicht schaukelnd schwingen Sie dann entspannt und ausgeglichen dem Arbeitsplatz entgegen. Und wenn erst die Mehrzahl aller Pendler einen solchen Hängesitz hat, könnten die Nahverkehrsunternehmen ernsthaft darüber nachdenken, die Waggons statt mit teuren Sitzen, die meistens schon nach wenigen Wochen aufgeschlitzt oder liebevoll beschriftet sind, nur noch mit Querstangen unter der Decke auszustatten und so viel Geld zu sparen.

PERSÖNLICHER HALTEGRIFF

81

Manchmal ist die U-Bahn so überfüllt, daß man nicht einmal einen ordentlichen Stehplatz mit der Möglichkeit zum Festhalten bekommt. Die Haltestangen sind dicht belegt von schwitzenden, schmutzigen Händen mit abgekauten Nägeln oder Hautekzemen. Gern greift man da nicht zu, und wenn man doch ein paar Zentimeter errungen hat, schiebt sich meist eine fremde Hand fordernd vor als würde sie sagen: »Das ist mein Platz«. Ziemlich sicher ist das die Hand einer älteren Dame, und genauso sicher weiß man, hier ist jeder Widerstand zwecklos. Dem Ärger aus dem Weg gehen können Sie mit unserem persönlichen Haltegriff. Das Unterdruckbefestigungselement einfach unter die Decke und Sie stehen sicher, hygienisch und bequem.

KINNSTÜTZE
Für ein Nickerchen im Stehen

82

Wir freuen uns, wenn wir am Ende eines arbeitsreichen Tages in der rush hour in Bus oder Bahn noch einen Sitzplatz ergattern. Meist findet sich aber in der allabendlichen Überfülle kein Platz mehr, wo der müde Körper ruhen kann. Dabei würde schon ein kleines Nickerchen zur Entspannung reichen. Hier erweist sich die »transportable Kinnstütze« als eine segensreiche Erfindung. Hat man erst einmal die Scheu vor der zugegeben etwas peinlichen Haltung überwunden, bietet einem das Stativ mit dem sehr soliden, U-förmigen Polster einen bequemen Halt und garantiert, bei verstellbarer Höhe, besten Schlafkomfort. Der uralte Menschheitstraum, im Stehen schlafen zu können, wird wahr.

TRAGBARER ZEBRASTREIFEN

Eine der unzähligen Schwierigkeiten, die das Leben in der Großstadt mit sich bringt, ist das Überqueren belebter Straßen. Mit Sicherheit ist gerade dort, wo man sie braucht, weder eine Fußgängerampel noch eine Unterführung. Auch das oft praktizierte demonstrative Wegsehen und Drauflosla ufen hilft nicht immer. Das nahe Ziel vor Augen, wird man genötigt, lange Umwege in Kauf zu nehmen, speziell dann, wenn man unter den herausfordernden Blicken junger Mütter dem Nachwuchs ein gutes Beispiel geben muß. Jetzt gibt es eine neue Waffe für das pädagogisch korrekte Überleben im Straßenverkehr: den tragbaren Zebrastreifen. Genau da, wo man die Straße überqueren möchte, rollt man ihn vor sich aus und kann sicher und korrekt die Fahrbahn

83

Für Correctness im Straßenverkehr

überqueren. Der Zebrastreifen ist auf eine leichte und nahezu unverwüstliche Spezialgummimatte gedruckt. Aufgerollt ist er einfach zu transportieren und wird sich bei unseren älteren Mitbürgern und den jungen Verkehrsteilnehmern eines regen Zuspruchs erfreuen.

MOBILER PARKSTREIFEN

Unser mobiler Parkstreifen wird wahrscheinlich von vielen Lesern als wichtigste Erfindung in diesem Buch angesehen werden, bedeutet er doch nichts weniger als das Ende aller Qualen, eine Oase in der Wüste, den Autofahrerhimmel auf Erden, das Paradies am Rande der Fußgängerzone, kurzum: eine freie, kostenlose Parklücke wann und wo immer man will. Aus widerstandsfähigem weißen Kunststoff, entspricht der Parkstreifen in Länge und Breite den Vorschriften der Straßenverkehrsordnung. Wir sind sicher, er wird bald wie Warndreieck und Wagenheber in jedem Kofferraum liegen. Als Besitzer dieses Wundermittels sollten Sie allerdings beim Auslegen darauf achten, daß Sie dabei nicht vom Feind, also etwa einer aufmerksamen Politesse oder einem Ihrer parkplatzsuchenden Gegner, beobachtet werden.

Freies Parken überall

84

TRAGBARE AMPEL

Der äußerst personalintensive Einsatz von Schülerlotsen ist überholt, bald bürgt High-tech made in Japan für einen sicheren Schulweg. Die tragbare Ampel hilft, das traurige Kapitel »Verkehrsunfälle mit Kindern« wirklich anzugehen. Mit ihr können die ABC-Schützen überall sicher die Fahrbahn überqueren. Der Erfolg der tragbaren Ampel auch in unserem Land scheint so gut wie sicher, nicht nur durch die uns angeborene Ehrfurcht vor japanischer Hochtechnologie. Der einfache Trick ist: Das Gerät muß nur extrem teuer und ausdrücklich von jeder Vollkaskoversicherung ausgenommen sein, dann bremsen auch deutsche Autofahrer.

Für mobile Sicherheit im Straßenverkehr

85

MOBILE STRAẞENLATERNE

86

Die Gefahr von Überfällen nimmt leider in der Tat ständig zu, und als Frau ist es Ihnen sicher auch schon manchmal recht mulmig gewesen, wenn Sie abends auf schlecht beleuchteten Straßen unterwegs waren. Oft hört man Schritte hinter sich und geht unweigerlich schneller, zumindest bis man die nächste Straßenlaterne erreicht hat. Denn Licht bedeutet Sicherheit. Aus dieser Überlegung heraus entstand die mobile Straßenlaterne. Mit ihr können Sie jeden erkennen, der sich Ihnen nähert. Das lichtscheue Gesindel wird durch die helle Laterne in den meisten Fällen abgeschreckt, und Sie gelangen unbehelligt nach Hause. Unser Tip: Da die Laterne sicher auch im gewerblichen Bereich regen Zuspruch erfahren wird, sollten Sie durch eher unauffällige Kleidung der Gefahr von Mißverständnissen vorbeugen.

Sicherheit durch Licht

FAHRRADSCHLOß »HUODINI«

Sicherheit auf höchstem Niveau

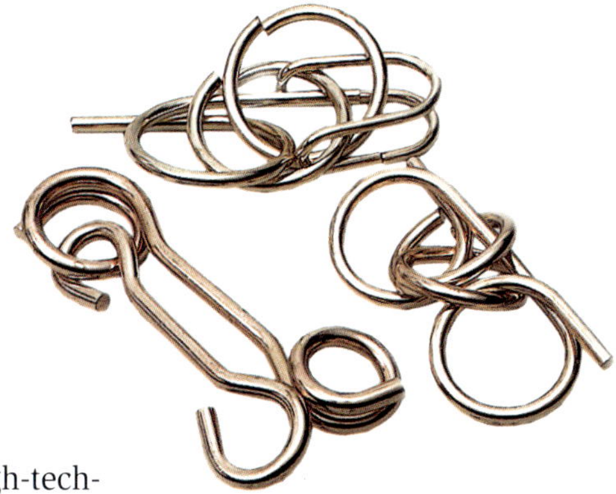

Fahrräder, vom High-tech-Mountainbike aus Titan bis zum schwedischen Nostalgierad mit handgedrechselten Schutzblechen aus Vogelaugenahorn, werden immer teurer. Die Diebstahlsicherungen sind demgegenüber jedoch geradezu unterentwickelt. Kein Schloß ist vor professionellen Dieben wirklich sicher. Zu nahezu allen Fabrikaten kursieren Nachschlüssel, und Zahlenschlösser hindern höchstens den Besitzer, der den Code vergessen hat, am Wegfahren. Dabei muß es nicht immer High-tech sein. Unser Fahrradschloß entstammt den Prinzipien uralter fernöstlicher Geduldsspiele. Wenn Sie es mal mit solchen »Zauberringen« versucht haben, wissen Sie, es ist schier unmöglich, sie auseinander zu bekommen, wenn man nicht genau weiß, wie sie zusammengesteckt wurden. Dieses Schloß ist für Diebe die erste wirkliche Herausforderung. Niemand wird Ihr Rad jetzt noch stehlen. Wer es doch geschafft hat, ist ein Genie und wird eine größere Befriedigung darin finden, Ihnen die Ringe neu zusammenzustecken.

SCHUHIGEL

Wenn uns jemand auf den Fuß tritt, muß das nicht immer beabsichtigt sein. Viele unserer Mitmenschen sind einfach unaufmerksam. Doch ganz gleich, ob mit oder ohne bösen Willen, ein Tritt auf den Fuß mit schweren Profilsohlen oder gemein spitzen Pfennigabsätzen kann sehr schmerzhaft sein und zu blauen Fußnägeln führen. Da nützt auch keine nachträgliche Entschuldigung des Täters. Was wirklich hilft und einem überdies noch eine gewisse Genugtuung verschafft, ist die schmerzhafte Erfahrung für den Unachtsamen, die ihn umgehend lehrt, seine Füße sorgsamer aufzusetzen. Dabei helfen unsere dekorativen Schuhigel. Sie schützen nicht nur vor schlechten Tänzern, sondern besonders wirksam auch im Gedränge der überfüllten U-Bahn.

88

Zum Schutz zierlicher Füße

BUSINESS-JACKETT

Die Zeiten des guten alten Büros mit Yucca-Palme und Kaffeemaschine sind vorbei. Der leitende Angestellte unserer Tage ist mobil und flexibel, heute in New York, morgen in Tokio, und er hat alles dabei, was er unterwegs braucht: Diktiergerät, Handy, Notebook, Kreditkarte – doch wohin mit dem Kram? Rucksäcke in der City sind albern und eigentlich schon wieder out, und der Pilotenkoffer, mit abgewetztem Airline-Namensschildchen, hat seinen Wert als Statussymbol auch schon lange eingebüßt. Understatement ist der neue Trend, die Utensilien verschwinden dezent in unserem Business-Jackett. Außerdem kommt man jetzt nicht mehr in die mißliche Situation, etwas Wichtiges zu vergessen, denn jedes Gramm weniger in der Jacke fällt sofort auf.

Das mobile Büro

89

TRAGBARER SCHREIBTISCH

90

Die Zeitpläne eines aufstrebenden Mitarbeiters sind eng gesteckt. Unser tragbarer Schreibtisch hilft, die unterwegs vertane Zeit für die Arbeit zu nutzen. Nur keine Angst, das Ding ist nicht unter Ihrem Niveau. So manch ein Selfmade-Millionär hat mit einem Bauchladen angefangen. Nun könnten böse Zungen vielleicht behaupten, die Geschäftspraktiken mancher Manager unterschieden sich nicht allzu sehr von den Taschenspielertricks der jungen Herren, die uns vor dem Bahnhof das bekannte Hütchenspiel anbieten. Dazu möchten wir uns nicht äußern. Immerhin aber sind auch sie mit ihrem mobilen Unternehmen eine interessante Zielgruppe für unsere Erfindung.

Für Verwaltungsangestellte und das mittlere Management

BÜROKRAWATTE

Für den täglichen Kleinkram

91

Täglich werden es mehr: Kreditkarten, Parkausweis, Telefonkarten und Job-Ticket, wir wissen kaum noch, wohin mit dem vielen Plastik. Jetzt hilft unsere Business-Krawatte dem Geschäftsmann, Ordnung in seine Utensilien zu bringen. Der elegante Binder ist das perfekte mobile Büro. Und Politiker, die sonst versonnen mit ihrem Krawattenende spielten, um gegen das Einschlafen anzukämpfen, können in langweiligen Bundestagssitzungen jetzt auch einen Gameboy im Schlips tragen.

AKTENKOFFER MIT REGENSCHUTZ

92

Es ist immer das gleiche: entweder man hat einen Schirm dabei oder es regnet, und dann erscheint man zu einen wichtigen Termin wieder naß und zerzaust. Mit unserem Aktenkoffer mit integriertem Regenschutz sind Sie auf alles vorbereitet. Er berücksichtigt den natürlichen Instinkt des gemeinen Büroangestellten, der bei Regen sofort den Aktenkoffer über den Kopf hebt. Wir haben diesen Reflex aufgenommen und die Notlösung perfektioniert. Wenn es regnet, klappen Sie jetzt die beiden Seitenwände des Koffers auf und können sogar noch Ihren Chef mit unter den Koffer nehmen. Das macht Eindruck.

Für jedes Wetter

SEIFENRECYCLER
Gegen Verschwendung im Bad

Wenn sich ein Seifenstück dem Ende zuneigt, bekommt es nicht nur Risse, in denen sich diese unappetitlichen grauen Ablagerungen festsetzen, sondern es wird auch immer flacher und ist schlecht zu greifen. Es flutscht einem ständig aus der Hand, und schließlich wirft man es weg. Doch diese Art der Verschwendung kostet einen durchschnittlichen Haushalt sicher einige Kilogramm Seife und damit bares Geld im Jahr. Dem setzt unser Seifenrecycler ein Ende. Statt die unansehnlichen Seifenreste in den Müll zu werfen, sammelt man sie, feuchtet sie etwas an und legt sie übereinandergeschichtet in unser Gerät. Über Nacht gepreßt und getrocknet, hat man am nächsten Morgen ein komplettes neues Seifenstück, noch dazu mit schönem farbigen Streifenmuster oder interessant marmorierter Oberfläche.

93

WASSER-AUFFANGSCHIRM

Wir kennen das: es regnet immer dann, wenn wir unterwegs sind. Aber wir wissen auch, daß Wasser zu den immer knapper werdenden, wichtigen Ressourcen gehört. Immerhin haben wir zuhause auch eine Regentonne im Vorgarten und Sonnenkollektoren auf dem Dach. Mit dem neuartigen Wasserauffangschirm können wir jetzt auch noch den früher ärgerlichen Regenschauer unterwegs ökologisch nutzen. Da gehen wir nur mal mit dem Hund um den Block und kommen mit zehn Litern 1a-Brauchwasser zurück!

94

KETTENRAUCHERMASKE

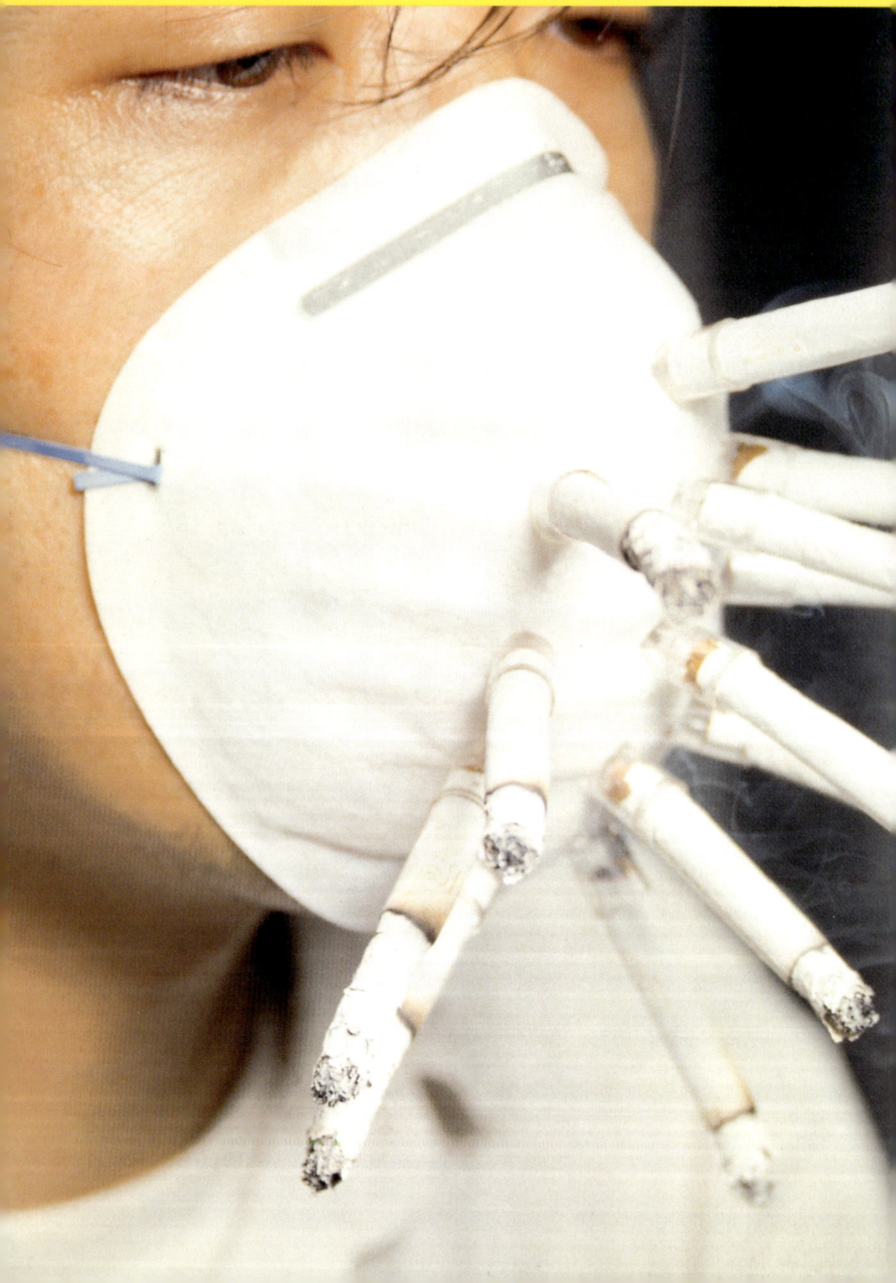

Für den schnellen Genuß

95

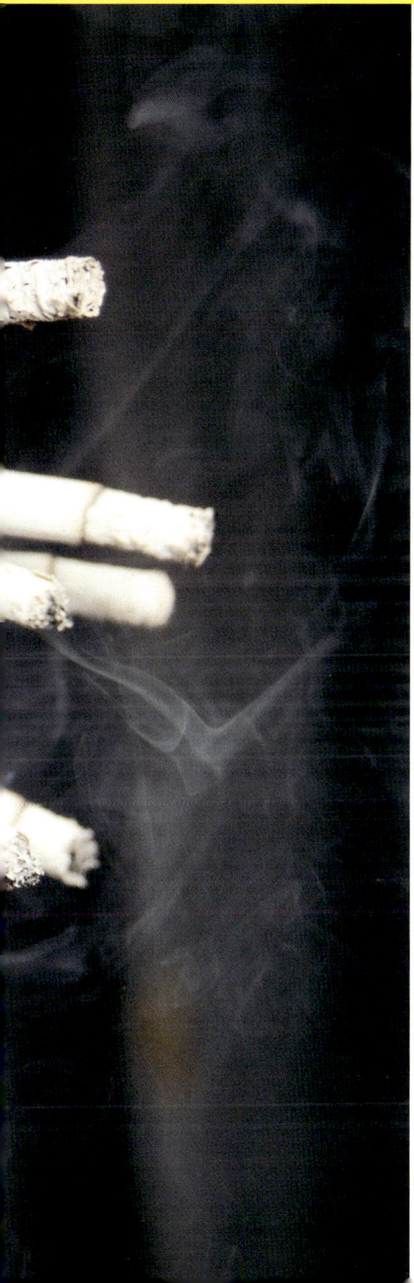

Wir leben immer gesünder, »healthy« heißt es heute. Wer Alkohol trinkt, Fleisch ißt oder sogar raucht, steht im sozialen Abseits. Vorbei die Zeiten, in denen einem ein markantes Männergesicht fröhlich die gelben Zähne zeigte und lachend erzählte, man habe im Alter von zwölf Jahren aufgrund einer Mutprobe eine Roth-Händle auf Lunge geraucht und seither vierzig bis sechzig Stück pro Tag. Heute kann man schon von Glück sagen, wenn man mal auf eine Zigarette auf die Terrasse darf oder eine Konferenz für fünf Minuten unterbrochen wird, damit die wenigen noch verbliebenen Raucher ihrer Sucht nachgeben können. Für solche Fälle haben wir die Kettenrauchermaske entwickelt. Mit ihr können Sie in fünf Minuten bis zu vierzehn Zigaretten gleichzeitig durchziehen und der Lunge ihre gewohnte Ration verabreichen. An einem passenden Feuerzeug arbeiten wir bereits.

STROHHUT MIT SOLARBETRIEBENEM VENTILATOR

96

Der Strohhut ist bei starker Sonneneinstrahlung immer noch das probate Mittel, um Sonnenstich und Hitzschlag vorzubeugen. Außerdem ist er ein Klassiker und verleiht seinem Träger unter Umständen ein gewisses Charisma. Wir denken an Kuba und an zigarrenrauchende Plantagenbesitzer, an Picasso und Hemingway. Doch zurück in den Alltag: Selbst unter der leichten Kopfbedeckung kann sich die warme Luft stauen und für ganz profane Schweißausbrüche sorgen. Wir haben es ja schon geahnt, die Klimakatastrophe kündigt sich an. Waren nicht die vergangenen Sommer viel heißer als früher? Wer auch in Zukunft dem sommerlichen Bluthochdruck erfolgreich entgegentreten will, dem sei der Strohhut mit integriertem Ventilator empfohlen. Als Energiequelle dient eine Solarbatterie, die, wahrhaft ökologisch, sozusagen das Übel an der Wurzel faßt.

Für einen kühlen Kopf

TELEFONHÖRER »HEAVY CALL«

Gegen Dauertelefonate

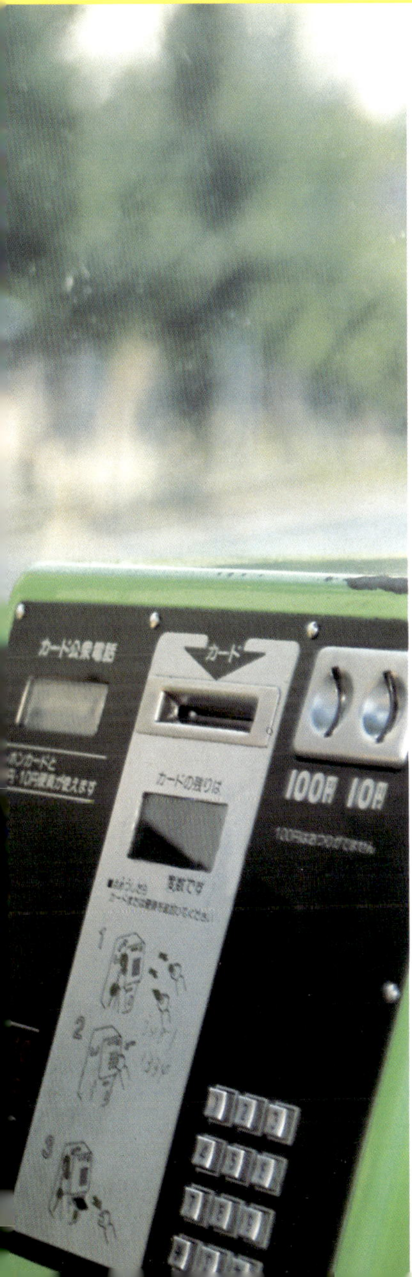

97

Haben Sie Kinder, Mädchen im Alter von zwölf Jahren aufwärts? Dann haben Sie sicher schon einen Münzfernsprecher zuhause installiert, um so das Taschengeld wieder reinzuholen. Wenn das noch nicht reicht, um die Telefonrechnung auf ein irdisches Maß zurückzuführen, dann sollten Sie es mit unserem Hörer gegen Dauertelefonate versuchen. Mit Testpersonen haben wir überzeugende Ergebnisse erzielt. Mit fünf Kilogramm beschwert sorgt unser Hörer für eine durchschnittliche Gesprächsdauer von etwa drei Minuten, bei zehn Kilogramm ist spätestens nach einer Minute Schluß. Der Hörer ist natürlich auch für öffentliche Fernsprecher bestens geeignet, um ein gewisses Maß an Kommunikationsdisziplin zu fördern.

SICHERHEITSABSÄTZE
Gegen Fehltritte

98

Nicht jede junge Dame macht eine Figur wie Marilyn Monroe, wenn sie auf einem der Lüftungsgitter über Parkhäusern, U-Bahn-Schächten oder Abflüssen steht. Die spitzen Absätze der schicken Pumps haben nämlich den Nachteil, daß sie nur allzu leicht in die schmalen Zwischenräume des Gitters rutschen und sich dabei fest verkeilen. Meist geht man also doch eher unbeholfen auf schmalem Grat und kurz vor (oder nach) dem Umknicken. Die Folge ist, neben mehr oder weniger schmerzhaften Bänderdehnungen, in der Regel ein ruinierter Schuh. Da die Schuhindustrie natürlich lieber mehr als weniger neue Damenschuhe verkauft, braucht man auf Hilfe aus dieser Richtung wohl kaum zu hoffen. Ein klassischer Problemfall, der nach einer Chindogu-Lösung verlangt. Und auch in diesem Fall ist der Mißstand durch ein winziges Detail in der Konstruktion behoben worden, denn im Prinzip ist es ja wieder ganz einfach: Breite Absätze rutschen nicht durchs Gitter.

99

FALSCHE-FÄHRTE-SOHLE
Für Täuschungsmanöver im Alltag

Wir haben einen linken und einen rechten Schuh, und bei jedem Schuhabdruck kann man ganz klar erkennen, wo vorne und hinten ist. So verraten unsere Schuhabdrücke immer, woher wir kommen und wohin wir gegangen sind. Wir haben nun Schuhsohlen mit Klettverschlüssen entwickelt, die man beliebig vorwärts, rückwärts, rechts oder links tragen kann. So können Sie wunderbar falsche Fährten legen. Nachteile sind nicht bekannt. Abschließend bleibt eigentlich nur die Frage, warum und zu welcher Gelegenheit Sie die Schuhe benutzen sollten.

Die Internationale Chindogu Akademie (ICA) freut sich über neue Mitglieder. Wenn Sie nach der Lektüre dieses Buches der Meinung sind, daß Sie einen guten Chindoguisten abgeben könnten und den nächsten Schritt wagen wollen, dann füllen Sie das kurze Formular aus und schicken es an eine der beiden Adressen.

Die Voraussetzungen für eine ICA-Mitgliedschaft sind ein aufrichtiges Interesse an Chindogu und das Verständnis der Philosophie von Chindogu sowie eine Idee, die Sie der ICA (mit Illustration) zum Nachbau, für Abbildungen und zur Veröffentlichung in Chindogu-Büchern zur Verfügung stellen möchten. Fügen Sie Ihrer Anmeldung einen Internationalen Antwort-Schein im Wert von DM 3.- bei, damit wir Ihnen die Unterlagen und das Mitgliedschaftsset zusenden können.

Wir danken Ihnen für Ihr Interesse und hoffen, daß die Mitgliedschaft für Sie der erste Schritt in ein erfüllteres und kreativeres Leben ist.

1. International Chindogu Academy
Overseas Operation
18433 Hatteras Street, Suite 507
Tarzana CA 91356 USA

2. Chindogu Academy
5-12-12, Koishikawa
Bunkyo-ku
Tokyo 112 Japan

Name/Name:
Alter/Age:
Beruf/Occupation:
Straße/Street Adress:
PLZ/Post Code:
Ort/City:
Land/Country:
Geschlecht/Sex:

Kommentare und Verbesserungsvorschläge/
Comments or Questions:

Ihr Vorschlag für ein Chindogu/
Your Chindogu Suggestion:

Name des Chindogu/Name:

Erklärung/Explanation: